# 葡萄栽培

## 常见问题防控研究

●孟继森　姚宗国　著

中国农业科学技术出版社

**图书在版编目（CIP）数据**

葡萄栽培常见问题防控研究 / 孟继森，姚宗国著 . —北京：中国农业科学技术出版社，2020.6

ISBN 978-7-5116-4786-3

Ⅰ.①葡… Ⅱ.①孟… ②姚… Ⅲ.①葡萄栽培—研究 Ⅳ.①S663.1

中国版本图书馆 CIP 数据核字（2020）第 097353 号

| | |
|---|---|
| 责任编辑 | 李　华　崔改泵 |
| 责任校对 | 贾海霞 |

| | |
|---|---|
| 出 版 者 | 中国农业科学技术出版社 |
| | 北京市中关村南大街12号　　邮编：100081 |
| 电　　话 | （010）82109708（编辑室）　（010）82109702（发行部） |
| | （010）82109709（读者服务部） |
| 传　　真 | （010）82106650 |
| 网　　址 | http://www.castp.cn |
| 经 销 者 | 各地新华书店 |
| 印 刷 者 | 北京富泰印刷有限责任公司 |
| 开　　本 | 880mm×1 230mm　1/32 |
| 印　　张 | 5.5 |
| 字　　数 | 132千字 |
| 版　　次 | 2020年6月第1版　2020年6月第1次印刷 |
| 定　　价 | 38.00元 |

# 《葡萄栽培常见问题防控研究》

## 著者名单

顾　问：刘茂国

主　著：孟继森　姚宗国

副主著：刘宝生

著　者：郑茹梅　平金岭　王圆生

　　　　张保岩　徐福胜

# 前　言

　　葡萄在植物分类学上属于葡萄科（Vitaceae），于春夏季生长期间，在叶腋形成腋芽，即通称的芽体，为下一季生长枝梢的一个缩体。在适宜的环境下，可受诱导而于其内分化形成花穗原基。巨峰葡萄在设定温度栽培环境下新梢上的芽体，在当年5月下旬由基部起2～8芽均已开始花芽分化，到6月下旬花穗原基已分化完成。近年来有关葡萄芽体的研究发现，有些品种芽体的主芽坏死率较高，主芽坏死会减少萌芽率、花穗数及最终产量。虽然葡萄的花芽分化容易，可在一年之间生产多次果实，进而调节或延长产期，但第2收植株生长势较弱、萌发的花穗长度较短，造成生产的果粒较小。

　　葡萄从开花到果实成熟，需要3～4个月的时间。在这段不算短的过程中，葡萄病害的防治相当重要。甚至葡萄开花初期便可能被葡萄晚腐病潜伏，转色期开始出现病症。其中降水季节更容易因为雨水喷溅导致病害在葡萄植株间加速传播。然而，适时适量用药且配合花后提早套袋，就能大幅避免相当多的病害发生。世界葡萄果实产量逐年增加，在消费需求日益增加的情况下，了解葡萄开花生理及诱导其开花的因子，可进而调节开花，是稳定葡萄质量及产量的关键。

巨峰葡萄系欧美杂交品种，成熟果实具有容易脱粒的特性，较美洲葡萄不耐贮运。但是若能针对造成巨峰葡萄脱粒的原因加以调查分析，找出影响脱粒的主要因子，仍然可以用适当的采前管理与采后处理技术，改善巨峰葡萄的脱粒现象，延长其贮运寿命。因此针对巨峰葡萄于采后贮运期间果实脱粒及质量劣变原因进行深入分析，对解决巨峰葡萄的脱粒问题有所帮助。

葡萄种植中的果实软化问题极为普遍，为克服玫瑰香葡萄果实软化的问题，本书介绍了开花期前后利用细胞分裂素类物质处理花（果）穗或以钙喷施新梢，对其果实硬度的影响。

由于时间仓促，书中难免出现不足之处，敬请读者批评指正。

著　者

2020年3月

# 目　录

# 1 葡萄芽体坏死原因与解决办法

　　本章主要调查分析巨峰（Kyoho）及夏黑（Honey Red）（*Vitis vinifera* L. × *Vitis labruscana* Bailey）葡萄的主芽坏死数、芽基部茎横切面的组织构造、主芽生理活力，及其次年主芽坏死数、主芽及副芽的萌芽状况。另外，调查除叶及打顶处理对主芽的影响及由外观状况判断主芽的存活。

　　由调查结果可知，满花后110日的主芽坏死数，以巨峰葡萄的主芽坏死数较高，4个主芽平均有2个主芽坏死，夏黑葡萄亦有主芽坏死的现象，但黑后及贝利A葡萄均没有主芽坏死。枝条生长势强者主芽坏死率最高，约16%，弱生长势枝条则主芽坏死率最低，约1%，中等生长势枝条则介于两者之间。枝条上不同节位的主芽坏死，以基部4～7节位的坏死数最高，随节位的往上有逐渐降低的趋势。对芽基部茎横切面观察，强生长势枝条的髓部、髓部/木质部比值、导管直径均最大，木质部细胞排列最不紧密，反之亦然。

　　在主芽的生理活性上，同一生长势枝条主芽活力较低者，次年主芽坏死数较高，反之亦然。4～7节位的主芽活力均比8～11节位低，而次年萌芽时以4～7节位的主芽坏死数较高。其坏死数比满花后110日时调查者高出许多，可见在满花110日之后仍有主芽坏死的发生。

枝条于不同时期去除不同节位的叶片，其主芽活力均较未处理者高且主芽坏死数较少。枝条于不同时期打顶处理其主芽活力较低且主芽坏死率较高。在主芽、副芽萌发的新梢发育状况则以主芽萌发者的营养生长及生殖生长均最佳。主芽萌发的新梢的花穗数有1.6~2穗，其次为外侧副芽的0.2~1.8穗，内侧副芽萌发的新梢花穗数最少为0.2~0.5穗。由芽体的外观状况可以大致评估主芽坏死率的高低，仍未能精确判断主芽的坏死与否，但可作为整枝及修剪时的参考。

## 1.1 坏死主芽内部组织变化

主芽基部细胞较周围的细胞小，常会有细胞纵向的压缩及畸形产生，而细胞壁亦会出现皱缩。汤普森无核（Thompson Seedless）葡萄主芽坏死在组织上的变化，首先为主芽下方形成扁长形压缩（Compressed）的横向带状及细胞的扭曲变形，随后有褐化带（Necrosis layer）的出现。褐化带的细胞会崩解后形成离层，随后主芽开始坏死至整个枯死。主芽的死亡最初由基部（褐化带）往上（Acropetal）坏死，一般状况下组织不会有侧向坏死的现象。

调查葡萄主芽坏死的芽体，其内部肉眼观察在满花后15日前仍正常，随后主芽组织开始变色（Discolored），接着有明显的褐化带出现，而在满花后35日时坏死主芽已经可以轻易脱离（Detached）。利用光学显微镜观察发现，主芽坏死芽基部组织在满花至满花后11日时即可发现细胞畸形的现象。在满花后31~51日时主芽基部出现一个或多个褐化带。

## 1.2　不同生长势枝梢及不同节位的主芽坏死率

巨峰葡萄生长势强的结果枝6～20节主芽坏死率可达80%，而生长势弱的结果枝其坏死率为20%。主芽较易坏死的品种，其生长势强的结果枝主芽坏死率均比生长势弱的结果枝高。雷司令（Riesling）葡萄的结果枝生长势及主芽坏死率呈显著正相关。

调查发现葡萄枝梢长度、枝梢粗细及芽体大小，在品种之间有显著差异，但与主芽坏死率没有显著相关。而同一个品种的结果枝直径、节间长度则与主芽的坏死率呈显著相关，结果母枝的横径越粗者在任何节位的主芽坏死率均比横径较小者高，在基部2～7节位特别明显。

巨峰葡萄主芽坏死开始发生时间依不同节位而有所差异，基部5～8节位的芽体约在满花后28日开始发生，13～16节位则约在满花后34日发生，随后20日内主芽坏死率会迅速增加，但过了此时期后则少发生。皇后（Queen of Vineyard）葡萄3年生植株在满花后18～20日仍未有主芽坏死出现，随后的2周内主芽坏死率快速增加，之后很少发现其他主芽坏死的现象，偶有发现主芽坏死者多为生长势强的结果枝。火焰无核（Flame Seedless）及汤普森无核葡萄的主芽坏死发现由满花后3周至芽体进入休眠期间均有可能发生，满花后9周主芽坏死率呈增加的趋势。

在坏死节位方面大多数品种于基部节位（1～12节）的坏死率较高，但亦有出现于末端的枝梢。不同品种芽体的主芽坏死率，基部1～12节位以早熟坎贝尔（Campbell Early）为最高达58.3%，巨峰、先锋（Pione）及司特本（Steuben）则在27.5%～42.8%，其他品种主芽较不易坏死，其坏死率在3%～4.8%。

汤普森无核及火焰无核品种基部节位的芽大多倾向于花芽不

分化，此外基部1～4节位主芽坏死率相当高可达75%，且基部主芽坏死状况的出现亦较早。但其他品种如皇帝（Emperor）、白马拉加（Malaga Blanc）及帕洛米诺（Palomino）则基部芽的花芽分化较佳。雷司令品种的主芽坏死状况亦为基部1～5节位的坏死率最低。晨光（Aurore）及德索娜（De Chaunac）葡萄结果枝基部芽体的发育比一般品种良好，芽体的花芽分化亦较佳。

节位具有副梢（Lateral shoot）者，其芽体的主芽坏死率比没有侧枝的芽体高出2～4.5倍。汤普森无核葡萄的芽体，其叶片及果穗存在与否与主芽坏死没有显著的相关性，此外结果枝上的果穗数量对芽体的花芽分化及主芽的坏死亦没有影响。

## 1.3　赤霉素及生长抑制剂对主芽坏死的影响

赤霉素（Gibberellins）在园艺作物上的应用通常会造成萌芽延迟，阻碍芽体正常发育，增加主芽坏死率及减少产量。在开花期或花后早期喷施GA会抑制枝梢上芽体的花芽分化及导致芽体的坏死。3年生葡萄植株，满花后3～4周喷施$GA_3$ 144～288μg/L会抑制花芽分化及隔年的正常萌发。满花期及满花后21日喷施$GA_3$ 20mg/L于叶片即会导致皇后主芽的坏死，若直接处理叶柄则只要6ng的量就足以使主芽坏死。巨峰葡萄在满花前9日或满花后7日叶面喷施100mg/L的$GA_3$亦有明显增加主芽坏死的现象，GA处理后主芽的坏死状况与自然主芽坏死相似，但$GA_3$处理诱导主芽的坏死率取决于处理时期，皇后（Queen of Vineyard）葡萄于满花后21日处理者即使浓度提高亦无法诱导主芽的坏死，显示发育成熟的芽体对于GA不具敏感性。汤普森无核（Thompson Seedless）葡萄在满花后9日或11日叶面喷施100mg/L的$GA_3$仍未诱导主芽的坏死，此品种对GA较不敏感。

上述不同作物及葡萄在花芽分化时期GA的处理均会抑制芽体的发育，推测内生GA可能是在自然状态下导致葡萄主芽坏死的因子之一。调查中等生长势及强生长势枝梢叶片及芽体内的赤霉素类物质（Gibberellin-like，GL）活性，叶片及枝梢内所含GL活性之间并无明显差异。而满花后约10日时强生长势枝梢芽体内的游离GL的活性比中生长势枝梢芽体高出2~3倍，但在满花后30日时已下降至与中生长势枝梢相差不多。

在葡萄的生产上为了增进果实质量经常利用$GA_3$处理，虽然会有主芽坏死、萌芽延迟及花芽分化数减少等不利的影响，特别是对GA较敏感的品种。对GA敏感的品种若需利用时可单独处理花穗，对芽体不会有不利的影响。生长抑制剂多效唑（Paclobutrazol）处理可显著抑制雷司令（Riesling）葡萄枝梢的生长势及降低主芽的坏死率。巨峰葡萄利用丁二酸-2,2-二甲酰基（Succinic acid-2,2-dimethylhydrazide，SADH）5 000mg/L在满花前22日或满花后13日喷施处理枝梢，不仅可以有效抑制其生长，更可显著减少1~25节位芽体主芽坏死的发生。处理硫（Thiourea）亦可促进自然状况下品丽珠（Cabernet Franc）、美乐（Merlot）、拉宝索（Raboso）及托斯卡纳特雷比亚诺（Trebbiano Toscano）等葡萄的花芽分化。

## 1.4　碳水化合物及矿物元素对主芽坏死的影响

碳水化合物含量的调查发现，巨峰葡萄基部芽体内的碳水化合物含量中，淀粉、总可溶性糖及还原糖与主芽坏死的发生有显著相关性。弱生长势的结果枝比强生长势的结果枝有较高的淀粉含量。此外，主芽坏死快速发生时期，弱生长势的结果枝内的淀粉含量比总糖含量高，而强生长势的枝梢则有相反的现象。巨峰葡萄强生长势结果枝的主芽坏死率高，而德拉瓦尔（Delaware）、贝利A麝香（Muscat Bailey A）则主芽坏死率相当低，但其品种之间所含的碳水化合物含量没有显著的相关性。汤普森无核（Thompson Seedless）葡萄对坏死的主芽及其芽基部组织切片淀粉染色发现几乎没有淀粉粒，相反的在正常芽体主芽本身或基部组织均发现有很多的淀粉粒。遮阴处理会增加主芽的坏死率，同时会降低枝梢、叶片及芽内的淀粉、蔗糖及果糖的含量。巨峰葡萄的主芽坏死与矿物质元素（N、P、K、Ca、Mg、Mn、B）含量没有显著的相关性，但土壤内的氮肥含量过高者较易发生主芽坏死。在缺硼的情况下也会发现主芽坏死的现象。

## 1.5　遮光对主芽坏死的影响

光强度被认为是营养生长及花朵产生的重要影响因子。光度下降，一般植物的花芽形成能力就会降低，例如柑橘，在日照不足时会使其碳水化合物不能充分合成，枝梢生长不充实，以致降低开花能力。此外，猕猴桃在50%遮光下生长者，隔年的花芽数约降低50%。葡萄在低光度下，花芽发育不完全，会减少花芽及开花数。但利用95%及60%黑网遮光40日达到催花的目的，萌发的花芽数及花蕾数显著高于不遮光的对照组。遮光处理后光合成产物减少，使新梢的生长量少，蒸散速率降低，间接减少水分需求，因此抑制根部的发育，同时抑制枝梢营养生长，或控制枝梢的成熟度，促使植株生殖生长。

葡萄遮阴处理会形成盲芽（Blind bud）及减少萌芽。遮阴处理帕洛米诺（Palomino）葡萄后发现芽体较小，翌年的萌芽率、结果率及最终产量均降低。雷司令（Riesling）葡萄遮阴处理会增加主芽坏死率，但果实开始转色期后3周开始人工遮阴处理（减少64%或92%的光量）对于主芽坏死率没有影响。汤普森无核（Thompson Seedless）葡萄在萌芽至采收期进行遮光处理，接受52%的日光照射者其主芽坏死率为未处理者的4倍。接受25%或14%的日光照射者其主芽坏死率比接受52%日光照射者均稍高，而结果率方面则显著降低。个别芽体遮阴处理后，未处理芽、遮阴1个月及3个月的芽体，其主芽坏死率分别为13.1%、63.6%及62.5%，人工遮阴处理者的主芽坏死率为未处理者的5倍以上。满花后3周遮阴处理，其坏死率均比未遮阴者高。从满花期至开始转色期每期14日的遮阴处理，其主芽坏死率明显增加，且花芽分化率明显下降，但不同处理时期之间无明显差异。

满花后遮阴处理15日、30日及35日的主芽坏死率均比未处理者显著增加。遮阴处理雷司令（Riesling）葡萄发现，满花前10日至满花后20日的遮阴处理不会增加基部1~8节位主芽坏死率，而满花后20~60日的遮阴处理对于1~12节位的主芽没有影响，但会增加13~16节位的主芽坏死率。此外遮阴处理会增加节间的长度，但对枝梢横径没有影响。

## 1.6　修剪对主芽坏死的影响

葡萄栽培上除叶可改善枝梢过度生长的现象及着果区域的微气候。除叶处理会增加芽体的存活、产量及果实的内含成分。植株过度的遮阴或叶片过密时会影响苏丹娜（Sultana）葡萄芽体的存活。黑皮诺黑（Blauburgunder）葡萄在满花日、满花后

2周、4周、6周去除全部的叶片，发现满花后4周前处理者会减少产量、芽体的发育及次年新梢的花穗数，亦会降低枝梢内的淀粉含量。但满花后6周处理者只会影响果实质量。然而，黑后及贝利A葡萄在不同时期去除基部4片叶，其芽体的花芽分化与未除叶者没有明显的差异。机械除叶处理或人工除叶处理对于雷司令（Riesling）葡萄芽体的存活与花芽分化并无显著的影响。

巨峰及夏黑葡萄连续3年夏季进行早期打顶处理，可明显增加果穗的重量及总产量，但会延迟果实及枝梢的成熟（Mandenov et al，1979）。玫瑰香葡萄主枝及结果枝在满花前一周环刻处理，可明显增加芽体花芽分化，芽体的坏死率由对照25.3%降低至14%。巨峰葡萄在枝梢萌发初期环刻处理，降低枝梢的生长势及促进花芽分化11.1%~19.0%，特别是基部芽的花芽分化。玫瑰香葡萄满花后6日至满花后77日期间去除部分枝梢（4m² 去除8~10枝），结果较早期处理者基部节位及中部节位的主芽坏死率有显著下降，较晚期处理者虽然未有显著的下降但亦有较少的倾向，因此可见适度除去枝梢有降低主芽坏死的现象。枝梢的过度修剪则会导致主芽坏死的发生。赤霞珠葡萄满花后10日去除75%或85%的结果枝，会增加枝梢的营养生长及主芽的坏死率。利用短枝修剪（Spur-pruned）方式的果园主芽坏死的现象特别严重。

# 1.7 调查项目及方法

试验材料主要利用两种品种，巨峰及夏黑，分别为巨峰4年生组培植株、巨峰4年生扦插植株、巨峰10年生嫁接于Teleki 8B植株，夏黑4年生组培植株及夏黑10年生嫁接于Teleki 8B植

株。主芽坏死数的调查除了巨峰及夏黑外，亦调查黑后（Black
Queen）及贝利A（Muscat Bailey A）（*Vitis vinifera* L. × *Vitis
labruscana* Bailey），以上植株均利用水平棚架栽培。

在满花后30日分别标定不同生长势的枝梢，强生长势枝梢为
23片叶以上、枝径1.1cm以上，中等生长势枝梢为20～22片叶、
枝径0.9～1.1cm，弱生长势枝梢为18片叶以下、枝径0.8cm以下
（图1-1）。以上3种不同生长势的枝梢均留两串果穗。

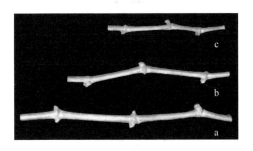

**图1-1　葡萄不同生长势枝梢的分类**

a.强：23片叶（节）以上，枝径1.1cm以上；b.中：20～22片叶（节），枝径
0.9～1.1cm；c.弱：18片叶（节）以下，枝径0.8cm以下

## 1.7.1　主芽坏死数

满花后110日修剪前采样，调查巨峰4年生组培、巨峰4年生
扦插、巨峰10年生嫁接、夏黑4年生组培、夏黑10年生嫁接、黑
后14年生及贝利A 3年生植株的主芽坏死数。分别调查以上品种
不同生长势枝梢、不同节位的主芽坏死状况。枝梢的芽体依节位
分为4组，由基部算起分别为4～7节位，8～11节位，12～15节位
及16～19节位。

将芽体纵切后肉眼观察，若主芽呈鲜绿色者为正常芽，主芽

呈褐色干枯者为坏死芽（图1-2），每种生长势枝梢各6次重复。

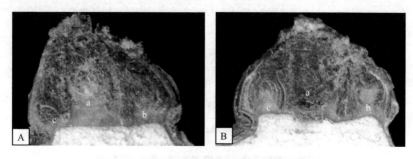

图1-2　葡萄芽体的纵剖面

A.主芽正常；B.主芽坏死；a.主芽；b.外侧副芽；c.内侧副芽

### 1.7.2　结果母枝横切面组织观察

结果母枝萌芽前采样，巨峰4年生组培、巨峰4年生扦插、巨峰10年生嫁接、夏黑4年生组培及夏黑10年生嫁接植株，在不同生长势枝梢8～11节位芽体下方节间横切面（图1-3），以滑走式切片机进行切片，将新鲜材料切片厚度约30μm，番红染色约10min后，用酒精及二甲苯清洗及封片等过程制成永久片，于显微镜下观察其组织构造。

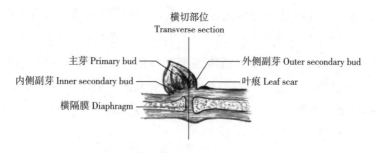

图1-3　葡萄结果母枝及芽体的纵剖面示意图

髓部大小以髓部的长、宽平均计算，木质部的发育取木质部6个点的平均值，导管大小以木质部三排放射组织间的导管大小的平均值，以上调查各4次重复。

## 1.7.3　主芽活力及其次年萌芽情形

调查品种为巨峰4年生组培、巨峰4年生扦插、巨峰10年生嫁接、夏黑4年生组培及夏黑10年生嫁接植株。9月上旬（约满花后125日）采样调查主芽活力，而萌芽状况调查则在次年4—5月（萌芽后17日）进行，调查其主芽坏死数。催芽处理利用刻伤后涂抹氰氨基化钙（20%）澄清液。催芽时间为巨峰组培4年生（3月19日）、巨峰扦插4年生（3月19日）、巨峰嫁接10年生（3月26日）、夏黑组培4年生（3月4日）及夏黑嫁接10年生（4月14日）。

### 1.7.3.1　主芽活力测定

满花后约125日（夏果采收后修剪前）枝梢由树上剪下后迅速取出芽体内的主芽（不含基部组织），将4个主芽组织混合为一组，加入2mL的0.5%TTC，真空抽气致使样品下沉，在黑暗下反应24h，然后取出主芽利用蒸馏水冲洗两次后加入3mL的蒸馏水磨碎，再加入7mL正己烷（Hexane）充分振荡使完全混合，离心206.5×g 5min，取正己烷层定量，以分光光度仪（Milton Roy Spectronic 20DSpectrophotometer）测485nm的吸收值。背景值系以4个主芽放入水中于微波炉中煮沸30min，将主芽的组织杀死，同上述步骤进行测得。TTC还原法系利用呼吸作用放出的电子将其还原为三苯基甲酰胺（Triphenyl formazane，TPF），检量线以TPF配制，换算为4个主芽还原TTC的量，每调查各4次重复。

### 1.7.3.2 萌芽状况调查

萌芽时间以催芽处理后包被的鳞片破裂，可见内部绿色时为准，萌芽后17日调查其主芽坏死率。主、副芽萌发的判定如图1-4，每调查各4次重复。

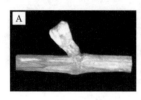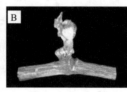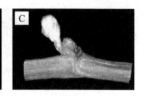

**图1-4　葡萄芽体的萌发情形**

A.主芽萌发；B.外侧副芽萌发；C.内侧副芽萌发嫁接植株

## 1.7.4　除叶及打顶对主芽活力及其次年萌芽的影响

采用巨峰4年生扦插植株，选取中等生长势的枝梢，分别在满花后30日、44日、58日除叶处理。每枝梢分别去除第5～6叶、9～10叶或13～14叶3种处理。满花后约125日时调查4～7节位、8～11节位或13～15节位的主芽活力，每调查各4次重复；主芽坏死数，每调查各6次重复。

另以巨峰5年生扦插植株，选取强生长势的枝梢，个别在满花后15日、29日、43日将枝梢打顶至22节。满花后约125日时调查其主芽活力，每调查各4次重复；主芽坏死数，每调查各6次重复。

3月（新梢6叶期）调查主芽、外侧副芽及内侧副芽催芽后的新梢长度、新梢鲜重、新梢水分含量、单一新梢总叶面积、花穗数、花穗鲜重等，每项调查10次重复。

### 1.7.4.1 新梢长度及鲜重

新梢长度由基部测量至茎顶为止。新梢鲜重包含茎、叶片及花穗。

### 1.7.4.2 新梢含水量

将新鲜材料称重后在80℃烘箱中烘干48h，然后再分别称其干重，以鲜、干重差值代表水分含量。

### 1.7.4.3 叶面积

叶面积调查系以Delta-TDias1800叶面积仪测定。

### 1.7.4.4 花穗数及鲜重

花穗数为每一新梢所含数量的平均，花穗重量为单一花穗的平均重量。

## 1.7.5 不同外观芽体的萌发及其新梢生长

巨峰4年生扦插植株（催芽处理前）标定不同外观的芽体，芽体的外观分为正常芽（鳞片包覆完整）、茸毛显露芽（芽体顶端有绒毛显露）、裂芽（鳞片包被不完整，具明显破裂）、双芽（具有2个主芽）及三芽（具有3个主芽）5种（图1-5）。在调查结果中将双芽及三芽合并为其他。调查不同外观芽体的比例、催芽后萌芽所需日数、主芽坏死率、萌芽至达6叶期所需日数、6叶期枝梢长度及花穗数。以上共调查400个芽体，双芽均有两个主芽萌发，在调查后去除一个新梢，三芽者只有一个主芽萌发。以上双芽及三芽只要有一个主芽萌芽者均列为主芽正常萌芽。

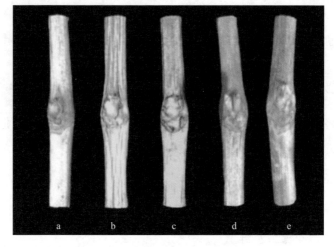

**图1-5 不同外观状况的葡萄芽体**

a.正常芽；b.绒毛显露芽；c.裂芽；d.双芽；e.三芽

## 1.7.6 结果

### 1.7.6.1 主芽坏死数

巨峰4年生组培植株不同生长势枝条不同节位的主芽坏死状况如表1-1所示。强生长势的枝条除4~7节位，平均只有0.2个主芽坏死外，其余组别节位的主芽，平均有1~1.2个坏死。整个枝条（4~19节位）主芽总坏死数，平均为3.4个（21.3%）。中等生长势枝条只有16~19节位有0.6个主芽坏死，其余平均仅有0.2个主芽坏死。整个枝条主芽总坏死数，平均为1.1个（6.9%）。而弱生长势枝条整个枝条均未发现坏死的主芽。

表1-1　巨峰葡萄4年生组培植株不同生长势结果枝的主芽坏死数

| 结果枝生长势 Shoot vigour | 节位 Node position | | | | |
| --- | --- | --- | --- | --- | --- |
| | 4～7 | 8～11 | 12～15 | 16～19 | 合计 Total |
| 强 Strong | 0.17±0.10 | 1.17±0.20 | 1.00±0.19 | 1.07±0.19 | 3.41±0.18（21.3%） |
| 中 Normal | 0.17±0.10 | 0.17±0.10 | 0.17±0.10 | 0.57±0.25 | 1.08±0.14（6.9%） |
| 弱 Weak | 0 | 0 | 0 | — | 0 |

注：2017年7月20日调查（满花后110日，夏果采收后）；合计为4～19节位芽体的总和，括号内为坏死芽体的百分率

巨峰4年生扦插植株的调查结果如表1-2所示。强生长势枝条4～7节位及16～19节位的主芽平均坏死数，分别为0.3个及0.4个，8～11节位及12～15节位的平均坏死数，平均为1个及1.2个。整个枝条主芽总坏死数，平均为2.9个（18.3%）。中等生长势枝条不同节位的坏死芽分布较平均，为0.3～0.8个。整个枝条主芽总坏死数，平均为0.9个（10.4%）。而弱生长势枝条整个枝条均没有主芽坏死。

表1-2　巨峰葡萄4年生扦插植株不同生长势结果枝的主芽坏死数

| 结果枝生长势 Shoot vigour | 节位 Node position | | | | |
| --- | --- | --- | --- | --- | --- |
| | 4～7 | 8～11 | 12～15 | 16～19 | 合计 Total |
| 强 Strong | 0.33±0.20 | 1.01±0.38 | 1.17±0.50 | 0.40±0.06 | 2.91±0.34（18.3%） |

（续表）

| 结果枝生长势 Shoot vigour | 节位 Node position | | | | |
|---|---|---|---|---|---|
| | 4～7 | 8～11 | 12～15 | 16～19 | 合计 Total |
| 中 Normal | 0.51±0.30 | 0.35±0.24 | 0.83±0.42 | 0.27±0.13 | 0.91±0.18（10.4%） |
| 弱 Weak | 0 | 0 | 0 | — | 0 |

注：2018年7月20日调查（满花后110日，夏果采收后）；合计为4～19节位芽体的总和，括号内为坏死芽体的百分率

巨峰10年生嫁接植株的调查结果如表1-3所示。强生长势枝条的平均主芽坏死仅集中于4～7节位及8～11节位，平均为2个及0.7个主芽坏死。

表1-3　巨峰葡萄10年生嫁接植株不同生长势结果枝的主芽坏死数

| 结果枝生长势 Shoot vigour | 节位 Node position | | | | |
|---|---|---|---|---|---|
| | 4～7 | 8～11 | 12～15 | 16～19 | 合计 Total |
| 强 Strong | 2.00±0.40 | 0.68±0.23 | 0 | 0 | 2.68±0.12（16.7%） |
| 中 Normal | 0.63±0.48 | 0.17±0.10 | 0 | 0 | 0.8±0.13（13.5%） |
| 弱 Weak | 0.17±0.10 | 0.17±0.10 | 0 | — | 0.34±0.10（5.2%） |

注：2018年7月21日调查（满花后110日，夏果采收后）；合计为4～19节位芽体的总和，括号内为坏死芽体的百分率

整个枝条主芽总坏死数，平均为2.7个（16.7%）。中等生长势枝条的主芽坏死同样仅发现于4～7节位及8～11节位，平均为0.6个及0.2个主芽坏死。整个枝条的主芽总坏死数平均为0.8个（13.5%）。弱生长势枝条亦有发现主芽坏死，同样仅发现于

4~7节位及8~11节位，平均有0.2个主芽坏死。整个枝条的主芽总坏死数平均为0.3个（5.2%）。

由以上可知，巨峰葡萄在枝条生长势方面强生长势枝条的主芽坏死数最高，中等生长势枝条的主芽坏死数次之，而弱枝主芽坏死数最低，甚至未出现主芽坏死。在坏死节位方面，4年生植株强生长势枝条的主芽坏死较平均分布于整个枝条，而10年生植株的坏死主芽则较集中于基部4~11节位的芽体。在不同繁殖方式的植株之间的主芽坏死数则没有明显的差异，树龄方面则较年幼的植株其坏死芽较平均分布于枝条上。

夏黑4年生组培植株不同生长势枝条不同节位的主芽坏死状况如表1-4所示。强生长势枝条4~7节位及8~11节位的平均主芽坏死数较多，分别为1.7个及1.2个，其余节位的坏死数较少，为0.4个及0.1个。整个枝条的主芽总坏死数平均为3.3个（20.9%）。中等生长势枝条仅在4~7节位平均发现有0.8个主芽坏死，整个枝条的主芽总坏死数平均为0.8个（5.3%）。而弱生长势枝条整个枝条均未发现坏死主芽。

表1-4　夏黑葡萄4年生组培植株不同生长势结果枝的主芽坏死数

| 结果枝生长势 | 节位 Node position | | | | |
|---|---|---|---|---|---|
| Shoot vigour | 4~7 | 8~11 | 12~15 | 16~19 | 合计 Total |
| 强 Strong | 1.69 ± 0.43 | 1.17 ± 0.30 | 0.35 ± 0.17 | 0.13 ± 0.07 | 3.34 ± 0.15（20.9%） |
| 中 Normal | 0.84 ± 0.41 | 0 | 0 | 0 | 0.84 ± 0.09（5.3%） |
| 弱 Weak | 0 | 0 | 0 | — | 0 |

注：2018年7月26日调查（满花后110日，夏果采收后）；合计为4~19节位芽体的总和，括号内为坏死芽体的百分率

夏黑10年生嫁接植株的调查结果如表1-5所示。强生长势枝条的主芽坏死仅出现于4~7节位及8~11节位，平均为0.4个及0.2个。整个枝条的主芽总坏死数平均为0.5（4.2%）。中等生长势枝条的主芽坏死仅在4~7节位，平均为0.2个，整个枝条主芽总坏死数平均为0.2个（1.1%）。而弱生长势枝条整个枝条均无坏死的主芽。

表1-5　夏黑葡萄10年生嫁接植株不同生长势结果枝的主芽坏死数

| 结果枝生长势 Shoot vigour | 节位 Node position | | | | |
|---|---|---|---|---|---|
| | 4~7 | 8~11 | 12~15 | 16~19 | 合计 Total |
| 强 Strong | 0.35±0.18 | 0.17±0.10 | 0 | 0 | 0.52±0.05（4.2%） |
| 中 Normal | 0.17±0.10 | 0 | 0 | 0 | 0.17±0.02（1.1%） |
| 弱 Weak | 0 | 0 | 0 | — | 0 |

　　注：2018年7月26日调查（满花后110日，夏果采收后）；合计为4~19节位芽体的总和，括号内为坏死芽体的百分率

　　由以上可知，夏黑葡萄在枝条生长势方面强生长势枝条的主芽坏死数最高，中等生长势枝条的主芽坏死数次之，而弱生长势枝条的主芽坏死数最低，甚至没有主芽坏死。在坏死节位方面，4年生植株的强生长势枝条主芽坏死较平均分布于整个枝条，而10年生植株的主芽坏死率相当低。

　　在不同树龄间以生长势较强的4年生植株的主芽坏死数明显高于10年生植株，但其主芽坏死状况均比巨峰葡萄低。黑后及贝利A植株中等生长势枝条的主芽坏死数如表1-6所示，在整个枝条均没有发现主芽的坏死。

表1-6　黑后及贝利A葡萄扦插植株中等生长势结果枝的主芽坏死数

| 结果枝生长势 | 节位 Node position | | | | |
|---|---|---|---|---|---|
| Shoot vigour | 4～7 | 8～11 | 12～15 | 16～19 | 合计 Total |
| 黑后Black Queen | 0 | 0 | 0 | 0 | 0 |
| 贝利A Muscat Baily A | 0 | 0 | 0 | 0 | 0 |

注：2018年7月29日调查（满花后110日，夏果采收后）

综合以上结果可知，在本试验调查品种当中以巨峰葡萄的主芽坏死率最高，夏黑次之，黑后及贝利A最低。在枝条的不同生长势的主芽坏死数方面，以强生长势枝条最高，中等生长势次之，弱生长势最低。在坏死节位方面则生长势较强者整个枝条上均发现坏死主芽，一般集中于基部4～7节位。在同一品种不同繁殖方式植株之间，其主芽坏死数没有明显的差异，但在树龄方面以树龄较小植株强生长势枝条的坏死主芽较平均分布于整个枝条上，而在夏黑葡萄亦有主芽坏死数较多的倾向。

### 1.7.6.2　结果母枝横切面组织构造观察

巨峰4年生组培植株芽体下方节间的横切面如图1-6所示，不同生长势枝条之间其髓部形状没有明显的差异，弱生长势枝条有很明显的次生木质部，强生长势枝条及中等生长势枝条仅有少许的次生木质部。其组织的生长状况如表1-7所示，髓部直径以强生长势枝条最大，为6.2mm，弱生长势枝条最小，为3.7mm，中等生长势枝条则介于两者之间，为5.6mm。木质部则以强与中等生长势枝条较宽，为2.8mm，弱生长势枝条最窄，为2.1mm，三者差异不大。髓部/木质部比以强生长势枝条最大，为2.2，中等生长势枝条，为2.0，弱生长势枝条最小，为1.8。导管直径以强生长势枝条最大，为170μm，中等生长势枝条次之，为130μm，弱生长势枝条最小，为70μm。

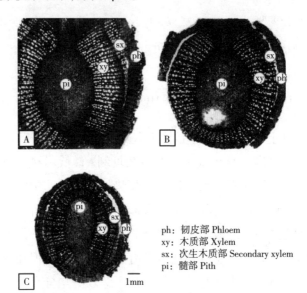

ph：韧皮部 Phloem
xy：木质部 Xylem
sx：次生木质部 Secondary xylem
pi：髓部 Pith

图1-6 巨峰葡萄4年生组培植株结果母枝节间横切面的组织构造

A.强枝；B.中等枝；C.弱枝

巨峰4年生扦插植株的观察结果如图1-7所示，不同生长势枝条之间其髓部形状没有明显的差异，弱生长势枝条有很明显的次生木质部，强生长势枝条及中等生长势枝条仅有少许的次生木质部。其组织的生长状况如表1-7所示，髓部直径以强生长势枝条最大，为6.6mm，中等生长势枝条次之，为5.4mm，弱生长势枝条最小，为3.4mm。木质部宽度则不同生长势枝条之间差异不大，为2.6~2.7mm。髓部/木质部比以强生长势枝条最大，为2.5，中等生长势枝条次之，为2，弱生长势枝条最小，为1.3。导管直径以强生长势枝条最大，为160μm，中等生长势枝条次之，为130μm，弱生长势枝条最小，为80μm。

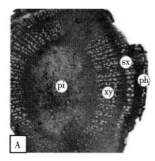
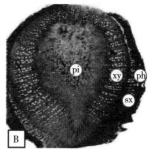
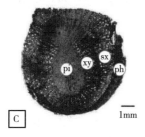

ph：韧皮部 Phloem
xy：木质部 Xylem
sx：次生木质部 Secondary xylem
pi：髓部 Pith

1mm

**图1-7　巨峰葡萄4年生扦插植株结果母枝节间横切面的组织构造**

A.强枝；B.中等枝；C.弱枝

**表1-7　巨峰葡萄不同生长势结果母枝横切面髓部直径、木质部宽度及导管大小**

| 结果母枝<br>生长势<br>Cane vigour | 髓部直径<br>Pith diameter<br>（mm） | 木质部宽度<br>Xylem width<br>（mm） | 髓部/木质部比<br>Pith/Xylem ratio | 导管直径 Vessel<br>diameter（μm） |
|---|---|---|---|---|
| 4年生组培植株Four-year-old tissue culture vine | | | | |
| 强 Strong | 6.2 ± 1.3 | 2.8 ± 0.1 | 2.2 ± 0.5 | 170 ± 29 |
| 中 Normal | 5.6 ± 0.6 | 2.8 ± 0.2 | 2.0 ± 0.3 | 130 ± 17 |
| 弱 Weak | 3.7 ± 0.5 | 2.1 ± 0.1 | 1.8 ± 0.1 | 70 ± 12 |

（续表）

| 结果母枝生长势<br>Cane vigour | 髓部直径<br>Pith diameter<br>（mm） | 木质部宽度<br>Xylem width<br>（mm） | 髓部/木质部比<br>Pith/Xylem ratio | 导管直径 Vessel<br>diameter（μm） |
|---|---|---|---|---|
| 4年生扦插植株Four-year-old cutting vine | | | | |
| 强 Strong | 6.6 ± 0.9 | 2.6 ± 0.5 | 2.5 ± 0.3 | 160 ± 31 |
| 中 Normal | 5.4 ± 0.7 | 2.7 ± 0.1 | 2.0 ± 0.2 | 130 ± 13 |
| 弱 Weak | 3.4 ± 0.2 | 2.6 ± 0.2 | 1.3 ± 0.1 | 80 ± 10 |
| 10年生嫁接植株Ten-year-old grafting vine | | | | |
| 强 Strong | 7.6 ± 1.2 | 2.4 ± 0.5 | 3.2 ± 0.4 | 150 ± 22 |
| 中 Normal | 6.7 ± 0.9 | 2.9 ± 0.3 | 2.3 ± 0.3 | 110 ± 17 |
| 弱 Weak | 4.5 ± 0.7 | 2.6 ± 0.2 | 1.7 ± 0.1 | 70 ± 12 |

注：2019年3月调查

巨峰10年生嫁接植株的观察结果如图1-8所示，不同生长势枝条之间其髓部形状没有明显的差异，弱生长势枝条及中等生长势枝条有很明显的次生木质部，强生长势枝条仅有少许的次生木质部。其组织的生长状况如表1-7所示，髓部直径以强生长势枝条最大，为7.6mm，中等生长势枝条则介于两者之间，为6.7mm，弱生长势枝条最小，为4.5mm。木质部宽度则不同生长势枝条之间变化较不规则，为2.4～2.9mm。髓部/木质部比以强生长势枝条最大，为3.2，中等生长势枝条则介于两者之间，为2.3，弱生长势枝条最小，为1.7。导管直径以强生长势枝条最大，为150μm，中等生长势枝条次之，为110μm，弱生长势枝条最小，为70μm。

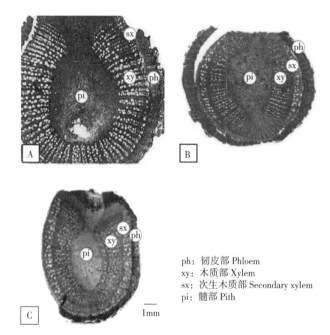

ph：韧皮部 Phloem
xy：木质部 Xylem
sx：次生木质部 Secondary xylem
pi：髓部 Pith

1mm

图1-8 巨峰葡萄10年生嫁接植株结果母枝节间横切面的组织构造

A.强枝；B.中等枝；C.弱枝

夏黑4年生组培植株芽体下方节间的横切面如图1-9所示，不同生长势枝条之间其髓部形状没有明显的差异，弱生长势枝条有很明显的次生木质部，中等生长势及强生长势枝条仅有少许的次生木质部。其组织的生长状况如表1-8所示，强生长势枝条髓部直径为7.3mm，三者之中最高，中等生长势枝条次之，为6.1mm，弱生长势枝条最小，为4.6mm。木质部宽度则不同生长势枝条之间变化较不规则，为2.3~2.5mm。髓部/木质部比以强生长势枝条最大，为2.9，中等生长势枝条则介于两者之间，为2.6，弱生长势枝条最小，为1.8。导管直径以强生长势枝条最大，为150μm，中等生长势枝条次之，为110μm，弱生长势枝条最小，为70μm。

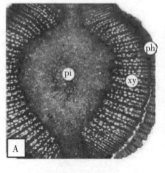

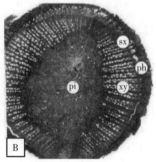

ph：韧皮部 Phloem
xy：木质部 Xylem
sx：次生木质部 Secondary xylem
pi：髓部 Pith

1mm

**图1-9　夏黑葡萄4年生组培植株结果母枝节间横切面的组织构造**

A.强枝；B.中等枝；C.弱枝

表1-8　夏黑葡萄不同生长势结果母枝横切面髓部直径、木质部宽度及导管大小

| 结果母枝<br>生长势<br>Cane vigour | 髓部直径<br>Pith diameter<br>（mm） | 木质部宽度<br>Xylem width<br>（mm） | 髓部/木质部比<br>Pith/Xylem ratio | 导管直径<br>Vessel diameter<br>（μm） |
|---|---|---|---|---|
| 4年生组培植株Four-year-old tissue culture vine | | | | |
| 强 Strong | 7.3 ± 1.7 | 2.5 ± 0.7 | 2.9 ± 0.5 | 150 ± 32 |
| 中 Normal | 6.1 ± 1.4 | 2.3 ± 0.3 | 2.6 ± 0.3 | 110 ± 17 |
| 弱 Weak | 4.6 ± 1.1 | 2.5 ± 0.2 | 1.8 ± 0.1 | 70 ± 9 |

（续表）

| 结果母枝<br>生长势<br>Cane vigour | 髓部直径<br>Pith diameter<br>（mm） | 木质部宽度<br>Xylem width<br>（mm） | 髓部/木质部比<br>Pith/Xylem ratio | 导管直径<br>Vessel diameter<br>（μm） |
|---|---|---|---|---|
| 10年生嫁接植株Ten-year-old grafting vine | | | | |
| 强 Strong | 6.1 ± 0.9 | 2.7 ± 0.6 | 2.3 ± 0.6 | 150 ± 22 |
| 中 Normal | 4.4 ± 0.8 | 2.3 ± 0.3 | 1.9 ± 0.2 | 90 ± 14 |
| 弱 Weak | 2.5 ± 0.1 | 2.2 ± 0.1 | 1.1 ± 0.1 | 50 ± 12 |

注：2019年3月调查

　　夏黑10年生嫁接植株的观察结果表明，在不同生长势枝条之间其髓部形状没有明显的差异，弱生长势枝条及中等生长势枝条有很明显的次生木质部，强生长势枝条亦有少许的次生木质部。其组织的生长状况如表1-8所示，髓部直径以强生长势枝条最大，为6.1mm，中等生长势枝条则介于两者之间，为4.4mm，弱生长势枝条最小，为2.5mm。木质部则强生长势枝条较宽，为2.7mm，中等及弱生长势枝条较窄，为2.2 ~ 2.3mm。髓部/木质部比以强生长势枝条最大，为2.3，中等生长势枝条次之，为1.9，弱生长势枝条最小，为1.1。

　　导管直径以强生长势枝条最大，为150μm，中等生长势枝条次之，为90μm，弱生长势枝条最小，为50μm。

　　综合以上结果，所有调查的品种均有相同的趋势，在不同生长势枝条之间髓部形状没有明显的差异，弱生长势枝条有明显的次生木质部，木质部的宽窄则没有一致的变化。巨峰葡萄不同树龄及繁殖方式的植株之间没有显著的差异，但10年生嫁接植株的中等生长势枝条则明显可见有次生木质部的生长。夏黑葡萄不同树龄及繁殖方式的植株则发现，10年生嫁接植株有较明显次生木质部生长，而次生木质部生长较明显者，其节位的主芽坏死率较次生木质部生长不明显的节位低，此外生长势较强的枝条其次生木质部的生长较少。强生长势枝条的髓部、髓部/木质部比值、导管直径均最大，木质部细胞排列最不紧密。弱生长势枝条则均最小，且木质部细胞排列最紧密，中等生长势枝条则介于两者之间。由此结果可知，次生木质部生长状况、髓部/木质部比值及导管直径大小可作为枝条生长势强弱的指标。而葡萄枝条生长势的强弱与主芽坏死有密切的关系，因此由枝条横切面组织构造的差异可大致评估主芽坏死率。

### 1.7.6.3　主芽活力及次年萌芽情形

巨峰葡萄4年生组培植株不同生长势枝条不同节位的主芽活力（TTC还原能力）如表1-9所示，强生长势枝条12～15节位的主芽活力最高，为504μmol，其次为8～11节位的主芽，为398μmol，而4～7节位则最低，为254μmol。中等生长势枝条8～11节位的主芽活力最高，为729μmol，其次为4～7节位的主芽，为502μmol，而12～15节位的主芽活力最低，仅有397μmol。弱生长势枝条则没有显著差异，约为364μmol。

表1-9　巨峰葡萄4年生组培植株不同生长势结果枝的主芽活力

| 结果枝生长势 | 节位 Node position | | |
|---|---|---|---|
| Shoot vigour | 4～7 | 8～11 | 12～15 |
| 强 Strong | 254±55 | 398±136 | 504±120 |
| 中 Normal | 502±82 | 729±130 | 397±25 |
| 弱 Weak | 364±35 | 364±89 | — |

注：2018年8月2日调查（夏果采收后），利用TTC被还原量测量主芽活力

在次年的萌芽状况如表1-10所示，强生长势枝条的主芽坏死数最高，平均每4个芽有2.2个主芽坏死，弱生长势枝条最低，平均1.2个，中等生长势枝条则介于两者之间，平均约1.0个。同一生长势枝条不同节位的主芽坏死数则发现，4~7节位的主芽坏死数均较8~11节位者高。

表1-10　巨峰葡萄4年生组培植株不同生长势结果母枝的主芽坏死数

| 结果母枝生长势<br>Cane vigour | 节位 Node position | |
| --- | --- | --- |
| | 4 ~ 7 | 8 ~ 11 |
| 强 Strong | 2.16 ± 0.28 | 2.04 ± 0.39 |
| 中 Normal | 1.59 ± 0.47 | 0.86 ± 0.18 |
| 弱 Weak | 1.15 ± 0.35 | — |

注：2019年3月15日调查（萌芽后17日）

巨峰葡萄4年生扦插植株的调查结果如表1-11所示，强生长势枝条8~11节位的主芽活力最高，为918μmol，其次为12~15节位的主芽，为807μmol，而4~7节位则最低，为660μmol。中等生长势枝条8~11节位及12~15节位的主芽活力最高，约840μmol，其次为4~7节位的主芽活力，为732μmol。弱生长势枝条的主芽活力则8~11节位较高，为765μmol，4~7节位，为612μmol。

表1-11　巨峰葡萄4年生扦插植株不同生长势结果枝的主芽活力

| 结果枝生长势<br>Shoot vigour | 节位 Node position | | |
| --- | --- | --- | --- |
| | 4 ~ 7 | 8 ~ 11 | 12 ~ 15 |
| 强 Strong | 660 ± 95 | 918 ± 72 | 807 ± 136 |
| 中 Normal | 732 ± 120 | 833 ± 110 | 849 ± 90 |
| 弱 Weak | 612 ± 62 | 765 ± 22 | — |

注：2018年8月3日调查（夏果采收后），利用TTC被还原量测量主芽活力

在次年的萌芽状况如表1–12所示，强生长势枝条的主芽坏死率最高，为2.6个，其次为中等生长势枝条，约0.95个，弱生长势枝条最低，为0.9个。同一生长势枝条不同节位则发现，4～7节位的主芽坏死数均较8～11节位高。

表1–12　巨峰葡萄4年生扦插植株不同生长势结果母枝的主芽坏死数

| 结果母枝生长势 Cane vigour | 节位 Node position | |
| --- | --- | --- |
| | 4 ~ 7 | 8 ~ 11 |
| 强 Strong | 2.59 ± 0.51 | 1.84 ± 0.32 |
| 中 Normal | 1.12 ± 0.50 | 0.77 ± 0.37 |
| 弱 Weak | 0.92 ± 0.42 | — |

注：2019年3月15日调查（萌芽后17日）

巨峰葡萄10年生嫁接植株的调查结果如表1–13所示，强生长势枝条8～11节位的主芽活力最高，为604μmol，其次为12～15节位的主芽，为586μmol，而4～7节位则最低，仅有433μmol。中等生长势枝条8～11节位的主芽活力最高，为642μmol，其次为12～15节位的主芽，为425μmol，而4～7节位主芽活力最低，为241μmol。弱生长势枝条的主芽活力则8～11节位较高，为483μmol，4～7节位较低，为268μmol。

表1–13　巨峰葡萄10年生嫁接植株不同生长势结果枝的主芽活力

| 结果枝生长势 Shoot vigour | 节位 Node position | | |
| --- | --- | --- | --- |
| | 4 ~ 7 | 8 ~ 11 | 12 ~ 15 |
| 强 Strong | 433 ± 63 | 604 ± 93 | 586 ± 82 |
| 中 Normal | 241 ± 35 | 642 ± 98 | 415 ± 60 |
| 弱 Weak | 6 268 ± 75 | 483 ± 84 | — |

注：2018年8月4日调查（夏果采收后），利用TTC被还原量测量主芽活力

次年的萌芽状况，强生长势枝条的主芽坏死数最高，为2.6个，其次为中等生长势枝条，约0.97个，弱生长势枝条最低，为0.5个，之间有显著的差异。同一生长势枝条不同节位则发现，4～7节位的主芽坏死数较8～11节位高。

夏黑葡萄4年生组培植株不同生长势枝条不同节位的主芽，强生长势枝条8～11节位及12～15节位的主芽活力较高，约450μmol，而4～7节位则最低，平均约186μmol。中等生长势枝条8～11节位及12～15节位的主芽活力较高，约380μmol，4～7节位的主芽活力最低，为267μmol。弱生长势枝条的主芽活力则8～11节位较高，为238μmol，4～7节位较低，为199μmol。

次年的萌芽状况，强生长势枝条的主芽坏死数最高，为2个，其次为中等生长势枝条，平均约1.1个，弱生长势枝条最低，仅有0.5个。同一生长势枝条不同节位比较则发现，4～7节位的主芽坏死数较8～11节位高。

夏黑葡萄10年生嫁接植株中，强生长势枝条8～11节位的主芽活力最高，为466μmol，其次为12～15节位及4～7节位的主芽，平均约373μmol。中等生长势枝条4～7节位及8～11节位的主芽活力较高，约310μmol，其次为12～15节位的主芽，为292μmol。

弱生长势枝条的主芽活力则8～11节位较高，为289μmol，其次4～7节位，为172μmol。

次年的萌芽状况中，强生长势枝条的主芽坏死数最高，为0.5个，其次为中等生长势枝条，约0.4个，弱生长势枝条最低，为0.2个。同一生长势枝条不同节位则发现，4～7节位的主芽坏死数较8～11节位者高。但整体不同生长势的主芽坏死率均较低。

综合上述结果，不同品种及繁殖方式的植株、不同生长势枝条之间，其活力没有一致的变化。但相同品种植株、相同生长势枝条的主芽活力以4～7节位最低，8～11节位均较4～7节位高，12～15节位的变化则较不一致。次年萌芽时的主芽坏死状况同样以强生长势枝条的坏死数最高，而弱生长势枝条最低，中等生长势枝条则介于两者之间。不同节位的坏死状况则发现，4～7节位的主芽坏死数均较8～11节位高。以上结果可知，满花后约125日所调查的主芽活力未能解释满花后110日所调查的主芽坏死状况，但可作为次年萌芽状况的评估，主芽活力较低则次年主芽坏死数较高。而在次年的主芽坏死数则均显著较满花后110日时的坏死数高出许多。

### 1.7.6.4 除叶及打顶对主芽活力及其次年萌芽的影响

巨峰4年生扦插植株中等生长势结果枝，不同时期去除不同节位叶片对主芽活力的影响调查后得知，满花后30日去除5～6两片叶会显著增加其4～7节位主芽活力，为1 295μmol，而未处理者的主芽活力，为732μmol，其他节位的除叶处理则未明显影响主芽活力。

满花后44日去除13～14两片叶会显著增加其12～15节位主芽活力，TTC还原量提高为1 197μmol，其未处理者的主芽活力，为849μmol，其他节位的除叶处理则没有显著增加活力的现象。而在满花后58日的除叶处理则没有增加主芽活力的现象。

在次年的萌芽状况，在4～7节位的主芽坏死数方面满花后30日及44日的除叶处理的主芽坏死数，为0.5～0.8个，均较未除叶者低1.3个，满花后58日处理者的主芽坏死数与未除叶者相近。

在8～11节位的主芽坏死数方面，满花后30日及58日的除叶处理的主芽坏死数，为0.3个及0.8个，显著较未除叶及满花后

44日除叶者低1.3个。

巨峰4年生扦插植株强生长势结果枝，不同时期打顶处理对主芽活力的影响中，满花后15日、29日及43日的打顶处理均显著增加12～15节位的主芽活力TTC还原量，平均约1 300μmol，但对于4～7节位及8～11节位主芽活力的影响则没有一致的趋势。

在次年的萌芽状况显示，打顶处理后8～11节位者主芽坏死数均较高，约3个，未处理者，约2个。由此结果可见，打顶处理会增加8～11节位主芽的坏死数。

### 1.7.6.5　主芽及副芽萌发后的新梢发育

巨峰葡萄4年生组培植株，复合芽萌芽后6叶期枝梢发育状况所示，主芽萌发的新梢长度最长，平均为22.3cm，外侧副芽萌发的新梢长度最短，为17.9cm，内侧副芽萌发的新梢则介于两者之间，为19.3cm，与主芽之间有显著差异。主芽萌发的新梢鲜重最高，平均为10.6g，内侧副芽萌发的新梢最低，为6.7g，外侧副芽萌发的新梢则介于两者之间，为7.9g，与主芽之间有显著差异。主芽萌发的新梢总叶面积最高，平均为251cm$^2$，内侧副芽萌发的新梢叶面积最低为187cm$^2$，外侧副芽萌发的新梢则介于两者之间，为187cm$^2$。

主芽萌发的新梢花穗数最高，平均为2穗，外侧副芽萌发者有1.7穗，内侧副芽萌发的新梢的花穗数最低，仅有0.5穗。主芽萌发的新梢每个花穗鲜重，平均为0.9g，内侧副芽萌发的新梢花穗的鲜重最低，为0.3g，外侧副芽萌发的新梢则介于两者之间，为0.6g。在以上调查项目中，主芽萌发的新梢的生育状况显著较外侧及内侧副芽萌发的新梢佳。而在新梢的水分含量方面则没有显著的差异，平均约83%。外侧及内侧所萌发的新梢两者之间，营养生长状况相似，但外侧副芽萌发新梢的花穗数显著较内侧副芽萌发的高。

巨峰葡萄4年生扦插植株的调查结果所示，主芽萌发的新梢长度最长，平均为19.5cm，外侧副芽萌发的新梢长度最短，为17.5cm，内侧副芽萌发的新梢为18.2cm，介于两者之间，与主芽之间有显著差异。主芽萌发的新梢鲜重最高，平均为10.2g，内侧及外侧副芽萌发的新梢显著较低，约8.5g。主芽萌发的新梢花穗数最高，平均约2穗，外侧副芽萌发者亦有1.8穗，内侧副芽萌发的新梢的花穗数最低，仅有0.5穗。主芽萌发的新梢花穗鲜重，平均为1.1g，内侧副芽萌发的新梢花穗鲜重最低，为0.5g，外侧副芽萌发的新梢则介于两者之间，为0.7g。在以上调查项目中，主芽萌发的新梢的生育状况显著较外侧及内侧副芽萌发的新梢佳。而在新梢的水分含量及叶面积方面则没有显著的差异，平均约82%及240cm$^2$。外侧及内侧所萌发的新梢两者之间，营养生长状况相似，但外侧副芽萌发新梢的花穗数显著较内侧副芽萌发高。

巨峰葡萄10年生嫁接植株的调查结果表明，主芽萌发的新梢长度最长，平均为18.1cm，外侧及内侧副芽的新梢长度较短，约为15.2cm，与主芽之间有显著差异。主芽萌发的新梢鲜重最高，平均为8.9g，外侧副芽萌发的新梢鲜重最低，为6.1g，内侧副芽萌发的新梢则介于两者之间，为7.6g。主芽萌发的新梢花穗数最高，平均为2穗，外侧副芽萌发者亦为1.5穗，内侧副芽萌发的新梢的花穗数最低，为0.5穗。主芽萌发的新梢花穗鲜重，平均为0.6g，外侧及内侧副芽萌发的新梢花穗鲜重较低，约为0.3g，与主芽之间有显著差异。在以上调查项目中，主芽萌发的新梢的生育状况显著较外侧及内侧副芽萌发的新梢佳。而在新梢的水分含量及叶面积方面则没有显著的差异，平均约84%及180cm$^2$。外侧及内侧所萌发的新梢两者之间，营养生长状况相似，但外侧副芽萌发新梢的花穗数显著较内侧副芽萌发的高。

夏黑葡萄4年生组培植株，不同芽萌发后6叶期枝梢发育状况所示，主芽萌发的新梢长度最长，平均为18.2cm，外侧及内侧副芽萌发的新梢长度较短，约为15.6cm，与主芽之间有显著差异。

主芽萌发的新梢鲜重最高，平均为7g，外侧及内侧副芽萌发的新梢鲜重较低，约4.6g，与主芽之间有显著差异。主芽萌发的新梢总叶面积最高，平均为101cm$^2$，外侧及内侧副芽萌发的新梢叶面积较低，约79cm$^2$。主芽萌发的新梢花穗数最高，平均为1.4穗，内侧副芽萌发的新梢的花穗数最低，为0.2穗，外侧副芽萌发的新梢则介于两者之间，为0.8穗。主芽萌发的新梢花穗鲜重，平均为0.2g，外侧及内侧副芽萌发的新梢花穗鲜重较低，约0.08g及0.05g，与主芽之间有显著差异。在以上调查项目中，主芽萌发的新梢的生育状况显著较外侧及内侧副芽萌发的新梢佳。而在新梢的水分含量方面则没有显著的差异，平均为85%。外侧及内侧所萌发的新梢两者之间，营养生长及生殖生长状况相似。

夏黑葡萄10年生嫁接植株的调查结果所示，主芽萌发的新梢长度，平均为18.7cm，显著较外侧副芽萌发的新梢长度长16.5cm。主芽萌发的新梢鲜重，平均为10.3g，较外侧副芽萌发的新梢鲜重5.8g的高。主芽萌发的新梢含水量，平均为87.7%，显著较外侧副芽萌发的新梢含水量86.4%的高。主芽萌发的新梢总叶面积，平均为163cm$^2$，较外侧副芽萌发的新梢的叶面积108cm$^2$的高。主芽萌发的新梢花穗数，平均为1.8穗，显著较外侧副芽的0.2穗多。主芽萌发的新梢花穗鲜重，平均为0.5g，较外侧副芽萌发的新梢花穗鲜重高0.3g。在以上调查项目中，主芽萌发的新梢的生育状况显著较外侧副芽萌发者佳。

由以上调查结果得知，在不同品种、不同繁殖方式的植株均有相似的趋势。主芽萌发的枝梢营养生长及生殖生长均最佳，但在新梢含水量及叶面积方面则没有一致的趋势。在外侧副芽及内侧副芽萌发的新梢中得知，其两者之间的营养生长没有显著的差异，但外侧副芽萌发的新梢其生殖生长显著较佳。在巨峰葡萄的外侧副芽的新梢花穗数之间没有显著的差异，均只比主芽少一些，但夏黑葡萄之间则有显著的差异。

### 1.7.6.6　不同外观芽体的萌发及其新梢发育

巨峰葡萄4年生扦插植株，利用外观方法判断芽体类别后观察其芽体的萌芽及新梢生长状况所示，在芽体类别的所占比例，正常芽为27%、茸毛显露芽为56%、裂芽为14%及其他（双芽及三芽）为3%，其中茸毛显露芽占一半以上的比例。在催芽后的萌芽所需日数上虽然没有很明显的差异，但仍可发现正常芽及茸毛显露芽的萌芽稍早，平均需11.6日。在主芽坏死率方面则正常芽仍有22%的主芽坏死、茸毛显露芽有44%的主芽坏死、裂芽有75%的主芽坏死及其他则有30%的主芽坏死。由此可知，裂芽的主芽坏死率最高，但仍有25%的主芽萌发。在新梢的生长速度方面则裂芽的新梢萌芽后达6叶期需19.7日，其余则约需17.5日。6叶期的新梢长度为正常芽萌发的新梢最长，平均为19.2cm，最短者为裂芽萌发的新梢，仅有16.6cm，其余介于两者之间。新梢的花穗数亦有相同的趋势，正常芽及其他萌发的新梢的花穗数较多，平均为1.8个，茸毛显露芽为1.4个，裂芽萌发的新梢的花穗数最少，为1.0个。

由上述可知，外观正常的芽体其催芽后萌芽较早、主芽坏死率最低、新梢生长较快、花穗数较多。相反地，外观已破裂的芽体其催芽后萌芽最晚、主芽坏死率最高、新梢生长最慢、花穗数最少。茸毛显露芽及其他芽则介于以上两者之间。因此，由外观可以大致评估主芽的坏死与否。

## 1.7.7 结果分析

### 1.7.7.1 主芽坏死

枝条的生长势与主芽坏死率之间有显著的相关性，促进枝条生长的因子均有促进主芽坏死的倾向，如$GA_3$的处理会促进枝条的生长，同时会诱导主芽坏死的现象。丁二酸-2，2-二甲酰基（SADH）处理，可有效抑制枝条的生长及节间长度，同时也降低主芽的坏死率。处理生长抑制剂如多效唑会抑制GA的合成及枝条的生长，同时降低主芽的坏死率。

本研究于满花后约110日（夏果采收后修剪前）的调查发现，巨峰4年生组培植株、4年生扦插植株、10年生嫁接植株及夏黑4年生组培植株、10年生嫁接植株强生长势枝条的主芽坏死数均比中等生长势枝条及弱生长势枝条高。而弱生长势结果枝除巨峰10年生嫁接植株外其余品种均没有发现坏死主芽。此结果与国外的调查结果相似（内藤等，1986；Lavee et al，1981；Dry & Coombe，1994；Wolf & Warren，1995）。由本试验的结果发现，同一品种不同繁殖方式植株之间，其主芽坏死数没有明显的差异，但在树龄方面以树龄较小植株强生长势枝条的坏死主芽较平均分布于整个枝条上。此外，树龄较小的植株，其强生长势枝条的强枝比例均比树龄较高者多，因此树龄较小的植株在栽培管理时应特别注意其枝梢生长的管理。黑后及贝利A葡萄均未发现主芽坏死，而此两个品种为二倍体的葡萄，巨峰及夏黑葡萄均为四倍体的葡萄，而四倍体葡萄的植株及枝条的生长势均比二倍体强。

枝条上不同节位的主芽坏死率方面，巨峰4年生组培及4年生扦插植株强生长势枝条及中等生长势枝条的坏死主芽分布于4～19节间，而在8～15节位间有较高的坏死现象。此结果与7年生雷司令（Riesling）葡萄相似，是生长势较强的枝条，坏死芽会较平均分布其枝条上。而巨峰10年生嫁接植株则几乎集中于基部节位。夏黑4年生组培及夏黑10年生嫁接植株亦有相同的现象，坏死主芽较集中于基部4～7节位间。此结果亦与国外调查结果相似。

主芽坏死较集中于基部，可能是因为基部芽发育的同时为枝梢生长速率最快的时期，此时茎顶及果穗均为很强的积贮组织，因此相对地芽体的发育会较受到限制。同时$GA_3$含量快速增加，开花后果实发育初期达到最高峰，随后立即下降。枝条基部的生长势较强，花芽分化最少，且有较多主芽坏死的倾向。此现象可能是因为芽体内内生的生长调节物质失去平衡，特别是GA含量变高，使得基部芽体的花芽分化受阻，同时导致主芽的坏死。

葡萄新梢茎部组织有较大的髓部组织，导管特别发达。髓部具有贮藏养分及水分的功能，但随着枝条年龄的增加，髓部逐渐缩小而木质化。新梢节间有横隔膜，横隔膜有贮藏养分的作用，同时能使新梢组织结构坚实。不成熟的枝条，横隔膜发育不完全，枝梢显得柔软。此外强生长势枝条的横隔膜发育较差，同一枝条则基部节位的横隔膜的发育较差。

于萌芽前观察结果枝横切面，不同品种的不同生长势枝条的髓部形状没有明显的差异，弱生长势枝条有明显的次生木质部，木质部的厚薄则没有一致的变化。巨峰葡萄不同树龄及繁殖方式的植株之间没有显著的差异，但10年生嫁接植株的中等生长势枝条则明显可见有次生木质部的发育。夏黑葡萄不同树龄及繁殖方式的植株则发现，10年生嫁接植株有较明显的次生木质部发育，此外枝条生长势较强的枝条次生木质部的发育较少。强生长势枝条的髓部、髓部/木质部比、导管直径均最大，木质部细胞排列最不紧密。弱生长势枝条则均最小，且木质部细胞排列最紧密，中等生长势枝条则介于两者之间。髓部大小与品种和枝条成熟度有关，生长充实的枝条髓部较小。由此可知，葡萄次生木质部发育状况、髓部/木质部的比值及导管直径大小可作为枝条生长势强弱的指标。枝条生长势强弱与主芽坏死有密切的关系，因此亦可利用枝条木质部发育状况来评估主芽坏死情况。

木质部为复合组织，包含假导管（Tracheids）及导管（Vessels）等输导细胞，主要功能为水分的长途运输、支持植物体及贮藏光同化产物。导管为特殊分化的导水管（Conduits）细胞组织，成熟具有功能的导管为不具生命的细胞。葡萄枝条木质部具有很大的导管，因此输导能力很高。当导管的直径增加1倍时其传导能力会增加16倍，因此导管直径大小的差异对于水分的输导能力有极大的影响。导管直径增加虽会增加水分传导能力，但木质部会变得较脆弱，可能因木质化程度降低所致。而强生长势枝条的髓部/木质部的厚度比值最大，相对木质部层较薄，此外其导管最大，因此可能较有利于运输水分至枝条末端，促使枝条生长，因而使茎基部的养分蓄积较少，导致强生长势枝条及枝条基部节位的主芽坏死率较高。

## 1.7.7.2 主芽生理活力及其次年萌芽状况

三苯基氯化四唑（2，3，5-triphenyltetrazolium chloride，TTC）大多利用在种子活力的检测或评估植物抗逆境的能力。TTC还原法系利用呼吸作用放出的电子将其还原为三苯基甲酰胺

（Triphenyl formazane，TPF）。无色的TTC可由获得来自呼吸作用的电子还原为红色TPF，曾被应用于评估莲雾或胡瓜叶片、黑穗醋栗花芽、木本植物愈伤组织及葡萄根的细胞活力。利用葡萄植体各部位及芽体的活性，发现与生长活力有密切关系。

本研究应用此方法来评估葡萄主芽的活力，于满花后约125日（夏果采收后修剪前）调查。在同一生长势的枝条发现，4～7节位的主芽活力均比8～11节位低，12～15节位其变化较不一致。在此主芽活力，尚未能直接以当时的主芽坏死状况加以解释。如巨峰葡萄4年生组培植株满花后110日强生长势枝条4～7节位的主芽坏死数仅有0.2个，8～11节位在当时的坏死数为1.2个，明显比4～7节位的高。但此两个节位的主芽活力调查发现4～7节位为254μmol，明显比8～11节位398μmol的低。上述两不同节位在次年萌芽时的主芽坏死数分别为2.2个和2个，由此可见满花后125日时的主芽活力调查较能代表次年的主芽坏死状况。本研究调查发现，同一生长势枝条的主芽活力较低，次年主芽坏死数较高，反之主芽活力较高的，次年主芽坏死数较低。上述调查品种中4～7节位主芽的活力均最低，在次年萌芽时发现4～7节位主芽的坏死数较8～11节位的高。在巨峰葡萄植株周年活力的变化，显示植物体各部位的活性与生长活力有密切关系，活性的变化与生长量增加的趋势相近，也就是生长旺盛时，活力提高，反之植株生长减缓时，活性降低。由本试验的结果，亦可证实主芽活力较高的其次年主芽萌芽率较高。

2018年4月调查次年的萌芽状况，发现主芽坏死数比前一年（满花后110日）调查时高出许多，强生长势枝条的主芽坏死数平均约2个，中生长势枝条则仅有1.2个，此外弱生长势枝条只有0.8个的主芽坏死。此结果与前人研究的葡萄主芽坏死主要发生于满花20日至满花后60日，随后很少有主芽坏死的现象。由此可见，在设定温度环境一年两收的生产模式下，第2收的催芽处理或其他因子会影响到结果枝（次年结果母枝）上主芽的存活，致使主芽满花110日之后仍有主芽坏死的现象。

不同节位芽体次年的萌芽状况，在不同品种不同生长势的枝条均发现，8～11节位的主芽萌发率较高，新梢叶片数及所含花穗数均较4～7节位萌发的新梢多。葡萄枝条一般以基部的花芽分化较差。品丽珠（Cabernet Franc）葡萄芽体的花芽分化调查发现5～16节位的芽体的花芽分化最佳，适合留长结果枝修剪。由本试验的研究表明，以上调查品种的12～20节位的主芽坏死率较低，主芽活力均较4～7节位者高。因此巨峰葡萄在夏季修剪时若留较长的结果枝，次年萌芽时较顶端节位的主芽萌发率可能会较高，值得进一步研究。

在着果期除叶处理可以显著增加花芽分化，可能有助于自由原基（Anlagen）分化为花穗原基。本试验结果表明，巨峰4年生扦插植株中等生长势枝条在不同时期去除不同节位的叶片，其去除叶片节位的主芽活力均有较高的现象，而在次年的萌芽亦可发现主芽坏死率与未处理者没有很明显的差异，在不同时期去除不同部位的两片叶对于其主芽坏死与否没有影响。但在满花日去除50%的叶片、满花后2周、4周、6周去除全部的叶片，发现满花后4周前处理者产量、芽体的花芽分化及枝条内的淀粉贮藏量减少，而次年萌芽率则低于未处理者的一半以上。由此可见，在满花后的早期除叶处理可能较容易影响主芽的发育，但满花后较后期的除叶对主芽的发育影响不大。除叶处理会明显降低树液内的总氮及氨的含量，但对于pH值、P、Ca、K及Mg的含量则没有显著的影响。本试验在满花后30日去除2片叶处理对于芽体没有不利的影响，反而有较高的主芽活力及主芽萌发率，可能在处理时期芽体已发育完成。若较早时期处理或去除较多的叶片可能会导致主芽的坏死。

巨峰4年生扦插植株强生长势枝条打顶处理，发现满花后43日前的打顶处理有显著增加12～15节位主芽的活力及降低4～11节位主芽活力的现象，在次年萌芽时其主芽坏死率在4～11节位均比未处理者高。枝梢发育初期打顶处理会促进枝梢成熟，但较晚期的处理则会延迟成熟。本试验结果，打顶处理对4～11节位的主芽坏死有稍微增加的现象。此结果与桃及油桃打顶处理相似，对于芽体的发育不利。桃植株夏季打顶处理，会降低芽体对于低温的耐性（Cold hardiness），此可能主要由光同化能力的下降所致。而主芽坏死与碳水化合物的含量有显著的相关性。夏季枝梢的打顶处理及新梢的连续去除，可有效抑制枝条生长，同时抑制芽体的发育（Faust，1989）。此外，打顶处理后可能诱导枝条后期的生理活力上升，使得处理第2收催芽时枝条上的芽体较易受伤。

葡萄在6叶期之前，新梢生长所需的碳水化合物大部分是贮藏于老树干及根提供的（Yang et al，1980；Yang & Hori，1980），故此时期的调查较能代表芽本身的活力。本试验于4—5月调查主芽、外侧副芽及内侧副芽萌发的新梢6叶期的发育状况。结果表明主芽萌发的新梢其长度、鲜重、花穗数均有显著的提高。外侧副芽及内侧副芽的营养生长之间没有显著差异，但在花穗数上有较高的差异。巨峰葡萄外侧副芽萌发枝新梢花穗数平均约1.7穗，而主芽萌发枝新梢花穗数平均为2穗，没有显著差异，但其花穗鲜重则主芽的花穗较重。夏黑葡萄外侧副芽萌发枝新梢花穗数平均为0.5穗，主芽萌发枝新梢花穗数平均为1.6穗，明显可见主芽的花芽分化较佳。此外发现，主芽萌发的不只其花芽分化状况较佳，其营养生长状况亦较外侧及内侧副芽萌发的佳，主芽坏死者，其副芽的发育较主芽正常者的副芽佳，但其枝梢的花穗发育不会比主芽发育的佳。此结果亦与国外的研究相似。葡萄的芽体外有鳞片，内有茸毛的保护，为下一季生长的缩体。葡萄鳞片内含有类似ABA的生长抑制剂，保护分化好的花芽至下一季的生长。因此，在芽体发育至下一季萌芽期间，鳞片的包覆不完整则可能会导致芽体的坏死。

本研究发现巨峰葡萄4年生扦插植株，在芽体不同外观类别中主要以茸毛显露的芽体为主，约55.9%。在外观鳞片包覆完整的芽体，在次年萌芽时仍有22.0%的主芽坏死率。外观已有明显分裂者，其主芽坏死率最高，为75.3%，茸毛显露芽则介于两者之间。

导致主芽坏死的因子以目前所知可归纳为内在因子，如GA、淀粉含量、氮肥及硼等，外在因子主要受光线的影响。因此外观正常的芽体仍有主芽坏死，可能是主要受以上因子所致。茸毛显露芽及裂芽有较高的坏死率，可能是除以上因子外鳞片包覆不完整，致使主芽较易受到其他外在因子，如失水等的影响。而茸毛显露芽及裂芽仍有24.7%以上的主芽萌发，因此推测可能是包覆于主芽及内侧副芽的一层包片代替最外层鳞片保护其主芽的存活。

从不同外观芽萌发后其新梢的发育状况得知，裂芽者其新梢生长速率最慢、新梢长度最短及所含花穗数最少等。因此，从芽体的外观可以评估主芽的坏死率的高低，但仍未能很精准地判断。

综合本研究的结果可知，满花后110日的主芽坏死数以巨峰葡萄的主芽坏死率最高、夏黑次之、黑后及贝利A最低。在枝条的不同生长势则可以明显发现，强生长势结果枝的主芽坏死率最高、中等生长势次之、弱生长势则最低。在坏死节位方面，则基部4~7节位的主芽坏死率较高。在不同繁殖方式的植株间没有明显的差异，但在不同的树龄则以树龄较小的强生长势枝条，其坏死主芽较平均分布于整个枝条上。从芽体基部茎横切面观察，生长势较强及主芽坏死率较高节位的茎，其髓部及髓部/木质部比值较大、次生木质部发育不明显、组织较松散及导管最大等现象。反之弱生长势枝条及主芽坏死率较低节位的茎，其髓部及髓部/木质部比值较小、有明显的次生木质部发育、组织较紧密及导管最小等现象。

满花后约125日（9月）的主芽生理活性及其次年（4月）萌芽状况可见，利用主芽活力测定可以评估次年的萌芽状况。4~7节位的主芽活力均较8~11节位的低，在次年萌芽时4~7节位的主芽坏死率均较8~11节位的高。中等生长势枝条在满花后不同时期去除两片不同节位的叶片，对其芽体的主芽坏死没有显著的影响。但强生长势枝条在满花后不同时期的打顶处理，发现主芽坏死率有稍高的倾向。在主芽、外侧副芽及内侧副芽萌发的新梢发育状况调查发现，主芽萌发的其营养生长及生殖生长均最佳。其次为外侧副芽、内侧副芽萌发的生殖生长状况最差。从芽体的外观状况可以评估主芽的坏死率的高低，但仍未能很精准地判断。由本试验可知，设定温度环境下主要栽培的鲜食葡萄亦有主芽坏死的现象，对于各栽培产地的主芽坏死状况有待进一步研究。如欲降低主芽坏死的发生，首先必须注意田间管理，树势生长适中，特别是树龄较小的植株。坏死主芽多集中于基部节位，而在第2收期间仍有影响主芽坏死的可能，因此需要时应留长结果枝修剪。此外，利用芽体的不同外观可评估主芽的存活，可作为整枝或修剪时的参考。

# 2 葡萄枝梢强度与花穗分化的问题

## 2.1 花穗原基创始及生长分化与枝梢强度的问题

本研究于巨峰及玫瑰香葡萄满花后标定枝梢，并于果实着生初期（5月）开始调查不同枝梢及不同段位花穗原基创始及分化情形。从调查果可知，设定温度环境下栽培的巨峰及玫瑰香葡萄品种，5月枝梢已有花穗原基创始（Initiation），此时正值果实着生初期。7—9月为花穗原基分化快速期，强梢花穗原基分化较弱梢快；至果实采收后花穗原基创始已停止，8月后花穗原基分化已趋于稳定。在早春虽然玫瑰香葡萄催芽时间较巨峰提前7~10日，但花穗原基的创始却是巨峰品种强梢最快。

种植地区巨峰葡萄的花芽分化，在3月上旬修剪催芽后，调查各节位芽体中花穗原始体的发育情况，结果满花后60日，各节位的花穗原始体的发育已趋稳定，其中第6~18节位芽体的分化最好。

此调查结果与本试验5月满花后90日（8月）约有30日差距，可能与种植地区夏季温度较高，进而促进花穗原基分化，使芽体提早花芽分化有关。

芽体进入休眠期，10月除了第2收萌发的芽体外，结果母枝其余休眠芽体内部花穗原基分化至第7阶段即停止继续分化，并维持此未分化完全的花穗原基进入冬季休眠状态，与前人研究有相同的结果。据调查结果显示巨峰及玫瑰香花穗原基在9月中旬前，即可分化至第7阶段，换言之，设定温度环境下葡萄栽培的花穗分化，自夏季果实采收至第2收修剪之前即完成，为设定温度环境下可施行一年多收模式的主要原因。

调查发现，葡萄于10月下旬大部分已经进入休眠，12月为休眠最深时期，2月上旬芽体多已觉醒，对照本试验结果显示10月第2收萌芽期，芽体大小无明显增大，休眠期间虽无明显花穗原基创始，然而休眠芽体内部已创始的花穗原基仍在进行缓慢的生长（花穗原基增长），以致芽体萌发后，一年二收模式第1收的果穗较第2收长，故冬季休眠期为落叶果树芽体发育重要阶段。

枝梢生长初期，不同部位芽体的花穗原基创始以基部较先创始，枝梢中部位芽体次之，上部位芽体虽创始较晚，但在枝梢停止生长后期花穗原基的发育进而赶上下部及中部位芽体。推测可能是枝梢生长初期顶端分生组织营养生长旺盛，GAs含量较多，延后了花穗分化期，直到营养生长停滞后，养分继续往枝梢顶部运送，使枝梢上部位芽体后期花穗原基分化较快速。

枝梢生长过程中，顶端分生组织会同时产生叶原基（Leaf primordia）及未分化的自由原基体。依品种不同，主芽在冬季休眠前会分化出6~10个叶原基及3个以下的花穗原基。接着进入停止生长的休眠状态，直到次年春天休眠芽萌发时，未成熟的花穗原基继续分化发育，形成小花器。花芽多分化在顶端分生组织以下第4~6节位置，但一般正常芽体都可见两个左右的花芽。前人研究显示，卷须与花穗虽为同源器官，但休眠中的芽体顶端分生组织会先分化出1~3个未分化原基，在适当高温下分化成休眠的花穗原基，而卷须则是在枝条旺盛生长期，顶端分生组织在生长的同时会继续分化出未分化原基体，同时此未分化的原基体会直接分化出卷须器官，休眠中的芽体尚未见过已分化的卷须。在生长季节结束之前，此休眠芽大多已分化成完整的复合休眠芽以便次年萌发生长及开花。芽体越晚创始花穗原基的枝条，生长季越接近冬季，温度越低其潜伏芽的花穗原基分化数量越低。

由本研究的结果可知，在枝梢生长初期，以强梢花穗原基创始较快、花穗原基较大；直到果实采收后至第2收芽体萌发期，强梢芽体内部花穗原基有被弱梢赶上的趋势，弱生长势及强生长势枝梢，在满花后约10日时，强生长势枝梢芽体内的游离赤霉素类物质（Free Gibberellin-like，GL）活性，较弱生长势枝梢的芽体高出2~3倍，可能是因为强生长势枝梢GAs含量较高而抑制了满花时枝梢花穗原基分化，但强生长势枝梢芽体高GLs含量在满花后30日时已下降至与较弱生长势枝梢差不多。

本试验选用巨峰及玫瑰香葡萄嫁接及组培自根株两种生长势树体，嫁接砧木与自根植株比较，巨峰嫁接对枝梢生长有促进的作用，但在玫瑰香品种嫁接则无明显促进枝梢生长的趋势。对于巨峰嫁接促进生长方面，可能是由于嫁接砧木栽植的植株根系深且广，在枝梢生长方面，嫁接株枝梢生长较旺盛，枝长、节数较组培自根株多；但在芽体大小及花穗原基分化上，巨峰及玫瑰香品种嫁接株并无明显较组培自根株高的趋势，反而以自根株芽体的花穗原基分化较大。葡萄嫁接砧木，对树体营养生长的影响，最后间接地表现在葡萄产量及果实品质上。

## 2.2 花穗分化与氮素、全糖、淀粉及碳氮比的问题

枝条及芽的氮含量与开花的能力呈正相关，表示碳水化合物与芽体的发育有显著的相关性，且弱生长势的结果枝比强生长势的结果枝有较高的淀粉含量。但本研究结果显示，不同品种、嫁接与否、不同生长势枝梢及不同枝梢部位之间，在相同生长时期，花穗原基的创始及分化与其枝梢部位氮素、全糖、淀粉含量及碳氮比并没有一致的变化。巨峰及玫瑰香葡萄枝梢上、中、下各部位淀粉、全糖含量与芽体花穗原基分化并无正相关，反而枝梢淀粉及全糖含量较高的部位，该芽体花穗原基分化有较小或较少的趋势，因此推测枝梢的全糖及淀粉含量，可能与芽体花穗原基分化无直接的关系。花穗原基的创始，系由潜伏芽顶端分生组织分化出自由原基体，其分生组织，及自由原基体外层细胞不断进行有丝分裂，使细胞器大小及数量增加，学者推论促使花穗原基创始可能的原因与潜伏芽的淀粉含量有关，尤其可能与芽体本身碳氮含量有关。

分析葡萄枝条碳水化合物含量的季节变化，全糖及淀粉在7—11月，随着枝梢生长而有明显增加，但设定环境温度、一年二收葡萄生产模式下，早春修剪后，部分的淀粉可转变为糖供新梢生长，而在夏果采收之后，结果枝淀粉逐渐累积，但在第2收修剪催芽时，淀粉含量仍较春季修剪时含量为低，且含量在第2收修剪后有下降趋势。若将本试验分析的氮素、全糖、淀粉以碳氮比的方式表示与葡萄树体周年生育期变化，探讨两者的关联，发现在枝梢生长初期，碳氮比较低；果实成熟到果实采收阶段（7—9月），枝梢累积的碳氮比上升；枝梢在第2收萌芽阶段（10月），碳氮比有逐渐下降的趋势。并于次年芽体萌发之前

（3月），碳氮比逐渐回升，与前人研究有相同的趋势。显示枝梢贮藏的碳水化合物与芽体花穗原基分化无明显的关系，而对树体生育周期的变化较有关联。

葡萄在生长过程中，树体贮藏的氮素与碳水化合物含量随着不同生长周期而波动，在初夏的时候，树势生长旺盛，大部分的糖类都用于枝条、叶片、新根及果粒的生长。在枝梢停止生长后落叶休眠前，蛋白质及氨基酸会运移到树皮、树干等贮藏器官。

而氮素对芽体花穗原基分化的大小并无直接的影响。葡萄树体所贮藏的氮素，主要先供应枝梢生长所需，葡萄施用氮肥有增进花芽分化的迹象，不同品种的葡萄在春季萌芽期后，氮素供应及淀粉的累积时间有极大差异；反之苹果多施氮肥园区的氮素含量多，碳水化合物含量少，但翌春苹果的花芽形成却没有差异，故可以认为花芽分化与碳水化合物及氮素之间并无关系，此结果与本试验结果相似。本试验经分析，枝梢氮素、淀粉及全糖含量的变化并未显示与枝梢花穗原基分化有一定的趋势。由于前人研究对葡萄的潜伏芽体内部碳水化合物含量与花穗原基分化直接的关系尚显不足，本试验结果推测，枝梢全糖、淀粉含量，对于该部位芽体的花穗原基分化无直接影响，但在各个生育期间，碳氮比却与果实发育与树体枝梢萌发、生长有较明显的关联。而碳水化合物又对休眠结束芽体萌发、花穗生长有促进分化的作用，故推测芽体未萌发前内部的花穗原基分化与树体已累积的碳水化合物与氮素无直接的关系，花穗原基的分化可能与芽体本身的碳水化合物含量有直接的影响，枝梢内已累积的碳水化合物对芽体萌发后的生长有直接的关系。

综合以上可知，葡萄于新梢生长初期至成熟叶长出前，所需的养分经由树体养分贮藏器官供给，而叶片所制造的碳水化合物经韧皮部的筛管输送到植株体中的生长点或贮藏部位。因此葡萄经由枝梢成熟的叶片进行光合作用产生碳水化合物，供叶腋着生腋芽体内部顶端分生组织吸收。而当新梢着生的腋芽在枝梢停止生长之前，芽体外部大小较早发育完成，并潜伏在枝梢叶腋着生处。而此潜伏芽体在其他环境因子，如温度、光照、水分供给等适合的条件下，芽体利用叶片生产的光合产物直接进行花穗原基创始（自由原基体形成）及分化，新梢将多余的碳水化合物贮藏于根部、树干及结果母枝内，而贮藏性的碳水化合物的累积，主要形式是以不溶性的贮藏物质，如以淀粉为主。同时在根部组织累积高浓度的淀粉以供次年或以后生长所需。在新梢贮藏多余的碳水化合物的同时，随着枝梢于果实成熟期间逐渐停止生长，芽体内的花穗原基亦趋于分化完毕（静止在第7阶段），此时正值8—9月，巨峰及玫瑰香枝梢碳氮比有较高的趋势，而花穗原基于新梢将光合产物累积在树体贮藏部位的同时早已分化，故花穗原基的分化与着生位置的枝梢碳水化合物累积，二者系同时经由叶片光合作用进行，推测与试验结果中结果母枝碳水化合物与芽体花穗原基分化无直接的关系，次年结果母枝中全碳水化合物及淀粉含量高者，与芽体萌发后的花穗生长有关。而树体累积的碳水化合物直到次年芽体萌发时，会将前一年贮藏的淀粉转为糖类供枝梢及花穗生长。

针对设定温度环境下葡萄一年二收的特殊生产模式及栽培环境有别于温带地区的一年一收模式，了解葡萄开花生理为果实生产的重要条件。本研究结果得以了解巨峰、玫瑰香葡萄嫁接及组培自根株的不同强度枝梢的不同部位芽体，主芽内花穗原基的创始、分化及枝梢碳水化合物及氮素的含量，了解芽体内花穗原基创始及树体营养的关系，确立巨峰及玫瑰香葡萄花芽的周年分化模式，将以提供栽培管理技术的基础资料及作为产期调节的依据。

## 2.3　枝梢的性状

### 2.3.1　巨峰

　　嫁接株与组培自根株供调查的枝梢性状结果如表2-1所示。巨峰嫁接株与组培自根株，强梢长度于4月（果实着生初期）已达110～120cm，5—6月生长最快。6—8月强梢长度增加至124～164.1cm，平均节数亦有16.7～24.7节，此时枝梢生长已趋于停滞。强梢4—8月基部第3节位的平均节宽维持在9.9～13.3mm。而弱枝枝梢长度初期4月枝长47～53cm，5—7月生长最快，6—8月枝长维持在64.2～78.1cm，平均节数达14.8～17.3节，此时枝梢生长已趋于停滞。4—8月枝梢生长期间，基部第3节位的平均节宽维持在7～9.6mm。而嫁接株与自根株之间，嫁接株强梢每月枝长、节宽及叶数皆较组培自根株高且多。

　　嫁接株弱梢也具有较组培自根株高的趋势。而在强梢及弱梢枝生长方面，无论嫁接株或自根株，强梢在枝长、节宽及叶片数调查结果，皆明显较弱梢枝生长强。

表2-1 巨峰葡萄嫁接株与组培自根株供调查的枝梢性状

| 植株种类 | 枝梢强度 | 枝梢性状 | 月份 | | | | |
|---|---|---|---|---|---|---|---|
| | | | 4月 | 5月 | 6月 | 7月 | 8月 |
| 嫁接株 | 强 | 枝长 Shoot length（cm） | 119.3±0.9 | 126.4±0.9 | 164.1±3.1 | 154.2±5.2 | 144.5±9.8 |
| | | 节宽 Node width（mm） | 12.3±0.4 | 12.8±1.1 | 13.3±0.5 | 11.8±0.2 | 11.1±0.7 |
| | | 叶数 Leaf number | 16.1±0.2 | 16.2±0.2 | 21.2±0.1 | 23.1±1.0 | 24.7±1.6 |
| | 弱 | 枝长 Shoot length（cm） | 53.1±1.9 | 62.5±4.9 | 65.2±8.5 | 78.1±7.1 | 72.1±2.8 |
| | | 节宽 Node width（mm） | 7.8±0.1 | 8.4±0.6 | 8.3±0.3 | 8.6±0.6 | 9.6±0.2 |
| | | 叶数 Leaf number | 14.2±0.3 | 15.3±0.6 | 17.2±0.6 | 16.3±0.3 | 17.3±1.5 |
| 组培自根株 | 强 | 枝长 Shoot length（cm） | 110.1±2.6 | 127.5±3.8 | 124.0±1.8 | 144.9±4.7 | 128.9±7.1 |
| | | 节宽 Node width（mm） | 12.1±0.3 | 11.8±0.2 | 11.8±0.2 | 12.6±0.3 | 9.9±0.4 |
| | | 叶数 Leaf number | 16.3±0.3 | 16.0±0.0 | 16.7±0.3 | 24.0±1.1 | 21.3±0.6 |
| | 弱 | 枝长 Shoot length（cm） | 47.2±0.8 | 57.5±4.3 | 67.9±2.5 | 70.5±6.6 | 64.2±1.3 |
| | | 节宽 Node width（mm） | 7.0±0.3 | 8.6±0.5 | 8.7±0.1 | 7.9±1.2 | 8.4±0.2 |
| | | 叶数 Leaf number | 14.7±0.3 | 15.7±0.6 | 14.8±0.6 | 16.7±1.3 | 16.1±0.5 |

## 2.3.2　玫瑰香

　　嫁接株与组培自根株供调查的枝梢性状结果如表2-2所示，玫瑰香嫁接株与组培自根株，于4月果实生长初期强梢长度达平均102.6～123cm。4—6月枝梢生长最快。6—8月强梢长度增加至160.8～86.9cm，此时枝梢平均节数达20～24节。4—8月强梢基部第3节位的平均节宽维持在11～13.9mm。而弱枝长度，嫁接株及自根株4月枝长平均在58.8～63.8cm，5—7月为枝梢快速生长期，6—8月枝长已维持在69.8～86cm，此时枝梢节数平均达14.3～17.2节。4—8月枝梢生长期间，基部第3节位的平均节宽维持在7.3～10.8mm。而嫁接株与自根株相比中，嫁接株强梢及弱梢的生长势并无明显较自根株强的趋势；另外再由强梢及弱梢生长比较之下，无论嫁接株或自根株强梢枝生长势皆较弱梢生长势强。

　　在巨峰及玫瑰香品种枝梢生长比较上，于8月枝梢生长停滞后，巨峰强梢长度在128.9～144.5cm、节宽10～11mm；弱梢64～72cm、节宽8～10mm，此期玫瑰香强梢平均达187cm左右、宽13～14mm；弱梢长度在70～80cm、节宽10～11mm，玫瑰香枝梢生长势有较巨峰强的趋势。

表2-2 玫瑰香葡萄嫁接株与组培自根株供调查的枝梢性状

| 植株种类 | 枝梢强度 | 枝梢性状 | 月份 | | | | |
|---|---|---|---|---|---|---|---|
| | | | 4月 | 5月 | 6月 | 7月 | 8月 |
| 嫁接株 | 强 | 枝长 Shoot length（cm） | 123.0±1.3 | 144.8±5.7 | 165.0±7.5 | 154.2±5.2 | 160.8±2.8 |
| | | 节宽 Node width（mm） | 12.8±0.2 | 11.0±0.2 | 12.7±0.5 | 11.8±0.2 | 13.7±0.7 |
| | | 叶数 Leaf number | 16.1±0.2 | 19.7±0.3 | 21.3±0.3 | 23.1±1.0 | 24 |
| | 弱 | 枝长 Shoot length（cm） | 63.8±1.0 | 68.1±0.7 | 75.5±2.4 | 78.1±7.1 | 86.0±0.8 |
| | | 节宽 Node width（mm） | 8.3±0.1 | 7.3±0.1 | 9.0±0.5 | 8.6±0.6 | 10.1±0.4 |
| | | 叶数 Leaf number | 14.2±0.8 | 14 | 14.3±0.3 | 16.3±0.3 | 15.0±0.5 |
| 组培自根株 | 强 | 枝长 Shoot length（cm） | 102.6±1.0 | 155.5±4.3 | 160.3±8.7 | 144.9±4.7 | 165.6±1.0 |
| | | 节宽 Node width（mm） | 13.9±0.1 | 13.1±0.7 | 12.1±0.9 | 12.6±0.3 | 13.9±0.3 |
| | | 叶数 Leaf number | 15 | 18.0±1.7 | 20.0±0.5 | 24.0±1.1 | 22.0±1.7 |
| | 弱 | 枝长 Shoot length（cm） | 58.8±2.3 | 69.8±0.9 | 76.6±3.2 | 70.5±6.6 | 80.8±2.6 |
| | | 节宽 Node width（mm） | 7.9±0.2 | 8.0±0.1 | 8.9±0.3 | 7.9±1.2 | 10.7±0.2 |
| | | 叶数 Leaf number | 14.7±0.3 | 15.4±0.3 | 15.8±0.2 | 16.7±1.3 | 16.3±0.3 |

## 2.4　不同枝梢强度的芽体宽度调查

### 2.4.1　巨峰

#### 2.4.1.1　嫁接株

　　嫁接株及组培自根株不同枝梢强度芽体宽度的调查结果表明，其中嫁接株强梢的芽体宽度，在4—6月为芽体快速膨大期，平均3.2～6mm，此时强梢下部位芽宽较中部位及上部位宽。6月起至次年2月芽宽已几近生长停滞。5月至次年2月又以中段部位芽宽较枝梢上、下部位芽体宽，平均在5.2～6.2mm。而弱梢芽体在4—7月芽宽较小，此时芽宽快速生长，平均在2.2～4.7mm，并以枝梢下部位芽体宽度较中部位及上部位大。8月起至次年2月弱梢芽宽已停止生长，平均达4.4～5.1mm，此时以枝梢中部位芽体发育最大。

#### 2.4.1.2　组培自根株

　　组培自根株强梢在4—6月芽体快速膨大，芽宽平均2.3～5.3mm，此期强梢以下部位芽宽较宽。6月至次年2月芽宽已无继续膨大的趋势。5月后强梢各月份皆以中部位芽宽平均4.8～6.6mm，较枝梢上、下部位芽体宽。弱梢在4—7月芽宽快速膨大，平均芽宽在2.2～5.4mm。4—7月弱梢以下部位芽体宽度较中部位及上部位大。9月起至次年2月弱梢芽宽已停止生长，并以枝梢中部位芽体较上部位及下部位芽体大。

　　综合以上结果得知，巨峰嫁接株及组培自根株的芽宽发育具有相同的趋势，强梢芽体在5月后外部大小几乎不再膨大，弱梢芽体的发育直到7—8月后芽宽发育逐渐停滞。至次年2月芽体萌发前，嫁接株强梢各部位芽宽皆较弱梢宽，而强梢及弱梢不同部位芽体宽度，皆以枝梢中部位较宽。

## 2.4.2 玫瑰香

### 2.4.2.1 嫁接株

嫁接株及组培自根株芽体宽度的调查结果表明，其中嫁接株强梢芽体以4—6月为快速膨大期，6月起至次年2月芽宽生长已趋于停止，9月至次年2月芽体以中、上部位较大，平均4.6～5.5mm。弱梢4—8月为芽体膨大期，平均芽宽1.7～4.6mm。9月至次年2月枝梢停止生长后，弱梢以中段部位芽体有较宽的趋势，平均4～6.2mm。

### 2.4.2.2 组培自根株

强梢以4—5月为芽体快速膨大阶段，芽宽平均3.1～4.8mm；6月至次年2月芽宽生长已趋于停止，枝梢各部位芽体大小无明显较大者。弱梢在4—8月为芽体膨大期，平均芽宽在1.4～4.8mm，且以下段部位芽体发育较大。9月至次年2月枝梢停止生长后，以中段部位芽体较宽，平均达4.1～5.1mm。

综合以上结果得知，巨峰、玫瑰香嫁接株及组培自根株的芽宽发育整体上具有相似的结果，强梢芽体在5—6月后外部芽宽生长趋于停滞，弱梢芽体发育直到7—8月后，芽宽发育逐渐停滞。至次年2月芽体萌发前，巨峰嫁接株及自根株强梢各部位芽宽皆较弱梢宽，强梢及弱梢不同部位芽体宽度，皆以中部位有较大的趋势。而二者之间，芽体大小则有巨峰芽宽较玫瑰香宽的趋势。

## 2.5　枝梢不同部位芽体花穗原基创始

### 2.5.1　巨峰

#### 2.5.1.1　嫁接株

　　嫁接株强梢及弱梢不同部位潜伏芽体的花穗原基创始百分比调查结果显示，强梢各部位芽体花穗原基创始，初期4月，以上部位花穗原基创始百分比最高，达35%；中部位枝梢亦有10%，此时下部位尚未有花穗原基创始。5月时，中部位花穗原基创始达70%，较上、下部位高。6—7月，芽体以上部位花穗原基创始最高，达80%～85%。7月至次年2月，各部位花穗原基创始趋于停滞，上部位芽体花穗创始有较高的趋势。弱梢各部位芽体的花穗原基创始，4月只有基部达4%的创始，中、上部位尚无花穗原基出现。各部位芽体于8月之前花穗原基创始缓慢上升，8月各部位芽体花穗原基创始以中部位最高，达80%。弱梢上部位芽体初期创始低，于6月才开始有花穗原基创始，10月至次年2月上部芽体的花穗创始较中、下部位高，平均达75%～82%。

　　嫁接株强梢与弱梢各部位花穗原基创始中，就整体而言，初期以强梢各部位芽体花穗原基创始最快最多，至后期休眠阶段弱梢花穗原基的创始率与强梢之间无明显差距，且不同枝梢强度皆以中、上部位花穗原基创始百分比最高。

#### 2.5.1.2　组培自根株

　　组培自根株强梢及弱梢于不同部位潜伏芽体的花穗原基创始百分比调查结果表明，强梢各部位芽体花穗原基创始，初期4月，在中部位及下部位花穗原基创始已达38%～42%，此时上部位芽体尚无花穗原基创始。5月时，中部位芽体已达80%的花穗原基创始；7月至次年2月各部位芽体创始趋于停滞，芽体以中部位及上部位花穗原基创始较高，最多达85%，下部位芽体创始只有60%～70%。弱梢各部位芽体的花穗原基创始，4月各部位芽体尚无花穗原基出现。5月下部位芽体最高达50%的创始，上部位芽体至6月才开始有4%的创始百分比。8月弱梢各部位芽体花穗原基创始百分比以中、上部位较高，平均为65%～80%。

就整体而言巨峰组培自根株强梢与弱梢各部位花穗原基创始，初期以强梢各部位芽体花穗原基创始最快最多，至休眠阶段弱梢花穗原基的创始与强梢之间无明显的差距，且不同枝梢强度皆以中、上部位花穗原基创始百分比较高、数量较稳定。

嫁接株与组培自根株，初期以组培自根株强、弱梢各部位芽体的花穗原基创始最多最快；但在枝梢不同部位的花穗原基分化趋势上，嫁接株每月花穗原基创始较自根株有稳定的上升趋势。次年萌芽前，嫁接株与组培自根株各部位芽体的花穗原基创始无明显差别，皆以中、上部位芽体花穗原基创始最高。

综合巨峰嫁接株及组培自根株不同枝梢强度的花穗原基分化百分比表明，强梢初期花穗原基创始较弱梢快，其中嫁接株5—6月期间强梢花穗原基创始与弱梢达35%～40%的差距、自根株也有20%～40%的差距，但9月休眠期后，强、弱梢的花穗原基百分比差距逐渐不明显。

### 2.5.2　玫瑰香

#### 2.5.2.1　嫁接株

嫁接株强梢及弱梢于不同部位潜伏芽体的花穗原基创始百分比调查结果显示，强梢各部位芽体花穗原基创始，初期4月，以下部位花穗原基创始百分比最高，达30%；中部位枝梢亦有

10%，此时上部位尚未有花穗原基创始。5月时，中部位花穗原基创始达30%，上部位芽体亦有28%的创始。6月强梢各部位芽体花原基创始皆达60%以上，7月至次年2月，各部位花穗原基创始趋于停滞，后期以上部位芽体花穗创始有较高的趋势。弱梢4月各部位并无花穗原基创始，5月以中、下部位有花穗原基出现。弱梢各部位芽体于8月之前花穗原基创始缓慢上升，9月至次年2月芽体萌发前，创始率无明显上升的趋势。芽体花穗原基创始百分比以上部位最高，平均为65%～78%。

嫁接株强梢与弱梢各部位整体来看，初期以强梢各部位芽体花穗原基创始最快且最多，至后期休眠阶段强梢花穗原基的创始较弱梢创始部分较高，而不同枝梢强度皆以上部位花穗原基创始最高。

### 2.5.2.2 组培自根株

组培自根株强梢及弱梢于不同部位潜伏芽体的花穗原基创始百分比调查结果表明，强梢各部位芽体花穗原基创始，初期4月，在下部花穗原基创始已达45%、中部位亦有20%；此时上部位芽体尚无花穗原基创始。5月时，上、中部位芽体已达52%的花穗原基创始；8月至次年2月各部位芽体创始趋于停滞，以上部位花穗原基创始较高，最多达85%，中部位次之。弱梢各部位芽体的花穗原基创始，4—5月只有下部位有8%创始百分比。上部位芽体到7月始有30%的花穗原基创始。8月弱梢各部位芽体花穗原基创始以中、上部位较高，平均在60%～80%。

就整体而言，组培自根株强梢与弱梢各部位花穗原基创始，初期以强梢各部位芽体花穗原基创始最快最多，至休眠阶段弱梢与强梢之间无明显的差距，且不同枝梢强度皆以中、上部位花穗原基创始较高、较稳定。

而玫瑰香嫁接株与组培自根株方面，初期以组培自根株强梢各部位芽体的花穗原基创始最多最快；次年萌芽前，嫁接株与组培自根株各部位芽体的花穗原基创始以嫁接的弱梢较低，不同树势皆以中、上部位芽体花穗原基创始最高。

嫁接株及组培自根株不同的枝梢强度花穗原基分化百分比表明，强梢初期花穗原基创始明显较弱梢快，嫁接株于5—7月强梢花穗原基创始与弱梢达30%～52%的差距，自根株强、弱梢花穗创始也有20%～55%的差距，但在休眠期10月后，强、弱梢的花穗原基百分比差距逐渐不明显，自根株弱梢花穗百分比反而有较强梢高的迹象。

综合以上试验结果，可发现玫瑰香催芽虽较巨峰早5～7日，但初期却以巨峰葡萄强梢的花穗原基创始最快，显示巨峰葡萄在设定温度环境栽培下潜伏芽的花穗原基创始有较玫瑰香早的趋势，但玫瑰香枝梢生长势却有较巨峰强的趋势，这结果可能与品种间花穗原基创始对高温的需求有关。

巨峰葡萄4月强梢花穗创始较快，尤其自根株强梢的中、下部位已达40%以上。显示强梢可能在3月即开始有花穗原基创始的发生。而巨峰、玫瑰香不同枝梢强度，芽体初期皆以下部位花穗原基创始最快；初期花穗原基创始数量增加，强梢花穗原基的创始于6—7月即趋于稳定。而弱梢花基创始较慢，至8月后才达至稳定。

## 2.6　不同部位芽体的花穗原基大小

### 2.6.1　巨峰

#### 2.6.1.1　嫁接株

嫁接株不同部位芽体的花穗原基大小调查结果表明，强梢的花穗原基大小，4—6月为强梢花穗原基快速生长期，此期间花穗原基由最初的0.002mm生长至0.62mm。6—8月强梢花穗原基大小无明显差异，显示此时花穗原基大小为停止生长期。10月至次年2月芽体萌发前，强梢花穗原基明显有变大的趋势，显示芽体自9月休眠后，内部花穗原基有继续生长的现象，强梢于次年芽体萌发前，最大花穗原基已达到0.14mm。不同部位之间，4月以枝梢中段部位分化较大，5—7月以中段部位及下部位分化较大，平均在0.04～0.06mm。8月至次年2月花穗原基以中部位及上部位枝梢的芽体分化较大。

而弱梢的花穗原基大小，4—6月为弱梢花穗原基快速生长期，此时花穗原基大小从0.016mm生长至0.067mm。7—8月花穗原基大小无明显差别，显示此期有花穗原基有停滞生长的趋势。而弱梢自9月至次年2月花穗间有继续增大的现象，显示弱梢在夏果采收后芽体进入休眠时，内部花穗原基有第二波继续生长的现象，弱梢在次年芽体萌发前最大花穗原基可达0.18mm。而在弱梢不同部位方面，4—5月枝梢下部花穗原基为0.09mm，6—7月则以中段部位分化较大。自8月至次年2月芽体以中、上段花穗原基分化较大，其中又以枝梢上部位芽体花穗原基分化最大。强、弱枝梢芽体自11月后花穗原基大小平均在0.08～0.18mm，其中弱梢在次年2月芽体萌发前，花穗原基有较强梢花穗原基大的趋势。

### 2.6.1.2 组培自根株

组培自根株不同部位芽体的花穗原基大小调查结果表明，强梢的花穗原基大小，4—6月为强梢花穗原基快速生长期，此期间花穗原基由最初的0.002mm生长至0.72mm。强梢在6—9月花穗原基大小无增加的趋势，显示此时花穗原基停止生长期。另外，在10月至次年2月芽体萌发前，强梢花穗原基明显有变大的趋势，显示芽体自9月休眠后，内部花穗原基有再次生长的现象，强梢在次年芽体萌发前，最大花穗原基已达到0.21mm。4—5月以枝梢下段部位分化较大，6—8月以中段部位及下部位分化较大，且中段部位花芽又较枝梢下部位大。9月至次年2月花穗原基则以中部位及上部位枝梢的芽体分化较大。而弱梢花穗原基大小，5—7月为弱梢花穗原基快速生长期，此时花穗原基大小由0.016mm生长至0.067mm。7—8月花穗原基大小无明显差别，显示此期花穗原基有停滞生长的趋势。而弱梢自9月至次年2月花穗继续增大，显示弱梢在芽体进入休眠时，内部花穗原基有第二波继续生长的现象，弱梢在次年芽体萌发前最大花穗原基可达0.20mm。在不同部位方面，弱梢5—9月以中段及下部位分化较大。12月至次年2月以中、上段花穗原基分化较佳，其中又以枝梢上部位芽体花穗原基分化最大。强、弱枝梢芽体自11月后花穗原基大小介于0.08～0.21mm。

## 2.6.2 玫瑰香

### 2.6.2.1 嫁接株

嫁接株不同部位芽体的花穗原基大小调查结果表明，强梢花穗原基的大小，4—6月花穗原基快速生长，此期间花穗原基由最初的0.006mm生长至0.05mm。6—8月强梢花穗原基大小无明显差异，显示此时花穗原基大小为停止生长期。9月至次年2月芽体萌发前，强梢花穗原基有变大的趋势，显示芽体自9月休眠后，内部花穗原基有继续生长的现象，强梢于次年芽体萌发前，最大花穗原基可达0.10mm。4—5月以枝梢下部位分化较大。直到9月至次年2月，花穗原基以枝上部位分化最大，平均0.09～0.10mm。而弱梢至5月始有花穗原基出现，6—8月弱梢各部位芽体的花穗原基陆续有缓慢停止生长趋势。7—8月花穗原基大小无明显差别，显示此期花穗原基有停滞生长的趋势。而弱梢自9月至次年2月花穗明显再次增大，显示弱梢在芽体进入休眠时，内部花穗原基有第二波继续生长的现象，弱梢在次年芽体萌发前最大花穗原基可达0.11mm。弱梢5—6月枝梢下部花穗原基为0.03～0.05mm。9月至次年2月芽体则以中、上段花穗原基分化较佳，其中又以枝梢上部位芽体花穗原基分化最大。强、弱枝梢芽体自11月后花穗原基大小平均介于0.076～0.182mm。

## 2.6.2.2　组培自根株

组培自根株不同部位芽体的花穗原基大小调查结果表明，强梢的花穗原基分化大小，强梢花穗原基大小，4—6月花穗原基快速生长，此期间花穗原基由最初的0.009mm生长至0.04mm。6—7月强梢花穗原基大小无明显差异，显示此时花穗原基大小为停止生长期。8月至次年2月芽体萌发前，强梢花穗原基有变大的趋势，显示芽体自9月休眠后，内部花穗原基有继续生长的现象，强梢于次年芽体萌发前，最大花穗原基可达0.12mm。而在不同枝梢部位方面，强梢4—5月以下段部位花穗原基分化较大，6—8月以中段部位分化较大，平均0.04～0.05mm。9月至次年2月花穗原基则以中部位及上部位枝梢的芽体分化较佳，其中又以枝梢上部芽体分化最大，平均0.12～0.14mm。而弱梢4—7月为花穗原基快速生长期，此时花穗原基可由最小0.006mm快速生长至0.03mm，7—8月花穗原基有停止生长趋势。弱梢自9月至次年2月花穗明显再次增大，显示弱梢在芽体进入休眠时，内部花穗原基有第二波继续生长的现象，弱梢在次年芽体萌发前最大花穗原基可达0.12mm。而在不同枝梢部位方面，弱梢4—6月以下部位分化较大。11月至次年2月则以中、上段花穗原基分化较佳，其中又以枝梢上部位芽体花穗原基分化最大。强、弱枝梢芽体自11月后花穗原基大小平均介于0.06～0.14mm。

## 2.7　花穗原基分化过程

### 2.7.1　巨峰

#### 2.7.1.1　嫁接株

　　嫁接株强梢及弱梢芽体花穗原基分化过程所示，于满花期间，少数强梢已有花穗原基的创始，此期弱梢尚无创始的发现。至果实硬核期，强梢顶端分生组织可创始出1～2个花穗原基体，同时花穗分化较弱梢多、也较大。弱梢自果实生育后期至第2收萌芽期之前花穗原基创始、分化较快，直到第2收萌芽前弱梢与强梢的花穗原基分化皆已分化至第7阶段。弱梢至次年芽体萌发前花穗原基明显增大。

#### 2.7.1.2　组培自根株

　　组培自根株强梢及弱梢芽体花穗原基分化过程所示，强梢于满花期间，芽体内顶端分生组织已分化出4片叶原基体，同时于分生组织下方分化出自由原基体，为花穗原基分化第1阶段，此时弱梢尚无花穗原基创始。至果实硬核期，强梢顶端分生组织可创始出1～2个花穗原基体，花穗分化较弱梢多、较大。弱梢自果实生育后期至第2收萌芽前花穗原基创始、分化较快，至第2收萌芽期花穗原基分化阶段与强梢无明显差别。弱梢至次年芽体萌发前花穗原基明显增大，而在嫁接株与组培自根株之间，嫁接株的强梢花穗创始最快。至果实硬核期之后，组培自根株的花穗原基分化有较嫁接株大的趋势。

## 2.7.2 玫瑰香

### 2.7.2.1 嫁接株

嫁接株强梢及弱梢芽体花穗原基分化过程所示，满花期间，强梢及弱梢于枝梢满花期芽体顶芽分生组织分化出2～4个叶原基，此时强、弱枝梢潜伏芽的茎顶分生组织下方开始有自由原基体的出现。至果实硬核期，强梢芽体可创始出1～2个花穗原基体，同时花穗分化较弱梢多，也有较大的趋势。弱梢自果实发育后期至第2收萌芽期之前花穗原基创始、分化较快，第2收萌芽期弱梢花穗原基分化与强梢在花穗分化阶段上皆已分化至第7阶段。弱梢至次年芽体萌发前花穗原基明显增大。

### 2.7.2.2 组培自根株

组培自根株芽体花穗原基分化阶段所示，强、弱梢于满花期间，芽体内顶端分生组织已分化出4片叶原基体，强梢及弱梢部分芽体开始有自由原基体分化。至果实硬核期，强梢芽体的顶端分生组织分化出1～2个花穗原基，此时以组培自根株花穗原基较嫁接株分化大，在这段生育期弱梢尚无花穗原基创始。弱梢自果实生育后期至第2收萌芽期前花穗原基创始、分化较快，至第2收萌芽期花穗原基分化与强梢在外观上无明显差别。而在第2收修剪期间至次年芽体萌发前花穗原基有增大的迹象。

综合以上调查结果，得知巨峰及玫瑰香花穗原基创始及分化时间虽有差异，然而不同枝梢的花穗原基在第2收萌芽前，皆分化至第7阶段，并且在次年2月芽体萌发前，皆无小花器的分化。巨峰及玫瑰香于试验调查中发现，早春虽玫瑰香葡萄的催芽期比巨峰葡萄早7～10日，但花穗原基的创始却是巨峰品种强梢最快，而在嫁接株与组培自根株之间，嫁接株的强梢花穗创始最快；至果实硬核期之后，组培自根株的花穗原基分化部分有较嫁接株大的趋势。

## 2.8  枝梢不同部位的氮素、全糖、淀粉含量及碳氮比

### 2.8.1  巨峰

#### 2.8.1.1  全氮

葡萄嫁接株与组培自根株强、弱枝梢及不同节位的全氮含量所示，嫁接株不同枝梢的氮素含量，于4月期间有较高的趋势，含量在0.8%～1.3%；6月和8月逐渐有下降趋势，分别为0.7%～1.0%及0.6%～0.9%。9月为第2收萌芽期，此时弱梢的氮含量较8月有下降的趋势；而各枝梢于次年2月氮含量较9月逐渐上升，平均在0.6%～0.9%。

组培株不同枝梢的氮素含量，于4月期间亦较高。不同枝梢的氮含量于6月逐渐下降，但在8月逐渐回升，至9月催芽时，氮素又逐渐下降。次年2月，组培株各枝梢的氮素又逐渐回升，平均在0.6%～1.0%。

就整体而言，巨峰嫁接株与组培自根株的氮含量，枝梢在4月各部位氮含量较高，6月后有下降趋势，组培株8月氮含量较6月期间有累积的趋势；9月各枝梢氮素含量最低，可能与第2收催芽后芽体萌发有关。次年2月各部位枝梢氮素有上升的现象。

### 2.8.1.2 全糖

葡萄嫁接株与组培自根株强、弱枝梢及不同节位的全糖含量分析所示，嫁接株于4月枝梢生长初期全糖含量下降，6—8月逐渐有累积的趋势，6—8月各枝梢含量在2.7%～9.3%，其中以弱梢含量较高。9月正值第2收催芽期，各枝梢全糖含量下降，在0.9%～4.1%；至次年2月各枝梢全糖含量皆有上升的趋势，在3.6%～4.9%。4—6月弱梢全糖含量较强梢高，可能是强梢生长消耗较多糖分所致。

组培自根株的全糖含量，强梢于4月较低，6—8月有累积的趋势；弱梢则在6月全糖含量有下降趋势，8月累积较高。9月组培株各枝梢全糖含量皆为下降，直到次年2月各枝梢明显有累积的趋势。

就整体而言，嫁接株与组培自根株的全糖，在4月枝梢生长初期含量较低。接着不同枝梢于6月或8月期间，各自有累积的现象。9月第2收催芽期间，大部分枝梢全糖含量有下降的趋势。直到次年2月芽体萌发前，枝梢全糖含量皆上升。

### 2.8.1.3 淀粉

嫁接株与组培自根株强、弱枝梢及不同节位的淀粉含量分析所示，嫁接株强、弱枝梢淀粉含量，4月和6月，强枝梢淀粉含量以4月较6月高；弱枝梢则是6月较4月高。8月强、弱枝梢淀粉有增加的现象，强枝梢8月淀粉含量在5.0%～7.0%；弱枝梢则增加至3.9% ~ 6.0%。9月强、弱枝梢淀粉含量明显下降，可能与当季第2收芽体萌发有关。至次年2月强、弱梢淀粉含量有明显上升的趋势。

组培自根株强、弱枝梢淀粉含量，4月和6月强枝梢含量无明显差异；弱枝梢则是4月较6月高。8月强、弱枝梢淀粉有增加的现象，强梢8月淀粉含量在5.0% ~ 7.0%；弱梢则增加至3.9% ~ 6.0%。9月强枝梢显著下降至1.9% ~ 2.7%；弱枝梢淀粉亦明显下降至1.0% ~ 1.4%。至次年2月各枝梢淀粉含量皆明显有上升的趋势。

嫁接株与组培株之间的淀粉含量，4月及6月枝梢淀粉含量较不稳定，嫁接与否及不同枝梢强度，于8月淀粉有增加的趋势，9月淀粉含量大幅下降，至次年2月淀粉含量皆有上升的趋势。且8月、9月及次年2月，嫁接株与组培自根株的强枝梢淀粉含量有较弱枝梢高的现象。

### 2.8.1.4 碳氮比

（1）嫁接株。碳氮比值，为枝梢各部位（淀粉+全糖）/全氮的比值，巨峰葡萄嫁接株不同强度枝梢及不同枝梢部位碳氮比结果所示，强枝梢4月各部位碳氮比较低，在6.5 ~ 11。6月各部位有上升的趋势，在14 ~ 27且以枝梢上部及中部较高。6月、8月及9月强梢各部位碳氮比逐渐下降，各部位芽体9月碳氮比下降至6.5 ~ 9；次年2月强枝梢碳氮比有上升的趋势。

弱枝梢4月碳氮比在8 ~ 15.2，其中以枝梢上部位较高。6月碳氮比在11 ~ 18，且以中部较高。8月累积最高碳氮比，在20 ~ 26，且以枝梢中部较高。9月弱枝梢各部位碳氮比逐渐下降，在8 ~ 13，至次年2月弱梢碳氮比有微上升的趋势。

（2）组培自根株。葡萄嫁接株不同强度枝梢及不同枝梢部位碳氮比，强梢4月各部位碳氮比最低，在4～5。6月各部位有上升的趋势，在7.5～16且以枝梢上部较高。9月强梢各部位碳氮比有下降的趋势，各部位芽体9月碳氮比下降至6～8，至次年2月碳氮比有明显上升的趋势。

弱梢4月碳氮比在4.5～7，其中以枝梢上部位较高。6月碳氮比降至4～6。8月碳氮比较高，在7～13，以枝梢中部较高。9月弱梢各部位碳氮比下降，在3.5～4，至次年2月弱梢碳氮比有明显上升的趋势。巨峰嫁接株枝梢各生育阶段的碳氮比有较组培自根株高的趋势。

## 2.8.2　玫瑰香

### 2.8.2.1　全氮

葡萄嫁接株与组培自根株强、弱枝梢及不同节位的全氮含量所示，嫁接株不同枝梢的氮素含量，于4月期间有较高的趋势，含量在0.6%～1%；6月逐渐下降至0.4%～0.6%。9月为第2收萌芽期，此时强梢氮含量降到0.6%～0.7%；弱梢则在0.4%～0.6%。而各枝梢于次年2月氮含量较9月时有逐渐上升的趋势，平均在0.6%～0.7%。

组培株不同枝梢的氮素含量，于4月期间亦较高。不同枝梢的氮含量于6月逐渐下降，但在8月逐渐回升，至9月催芽时，氮素又逐渐下降。次年2月，组培株各枝梢的氮素又逐渐回升，平均在0.5%～0.8%。

就整体而言，玫瑰香嫁接株与组培自根株的氮含量，枝梢在4月各部位氮含量较高；6月后枝梢氮含量下降，此时正值果实生长后期。8月各部位枝梢氮含量较6月期间有累积的趋势；9月各枝梢氮素含量最低，亦可能与第2收的芽体萌发有关。次年2月各部位枝梢氮素有上升的现象。

就巨峰及玫瑰香品种之间氮素含量而言，在整体上有相同的趋势，但玫瑰香品种氮素含量在各时期大多较巨峰品种低。

### 2.8.2.2 全糖

嫁接株与组培自根株强、弱枝梢及不同节位的全糖含量分析结果所示，嫁接株于4月枝梢生长初期全糖含量较低，6月逐渐有累积的趋势，6月各枝梢含量在4.7%～8.6%；8—9月各含量逐渐下降。9月正值第2收催芽期，各枝梢全糖含量下降，在2.0%～3.1%。至次年2月各枝梢含量皆有上升的趋势，在3.9%～7.8%。4—6月弱梢含量较强梢高。

组培自根株的全糖含量，强梢4月较低，6月各枝梢皆有累积的趋势。8—9月各枝梢全糖含量皆为下降，直到次年2月各枝梢明显有累积的趋势。

综合巨峰及玫瑰香的全糖，得知巨峰全糖含量有较玫瑰香低的趋势，4月枝梢生长初期，全糖含量大多有下降的趋势，6—8月全糖含量逐渐回升，9月正值第2收芽体萌发期，全糖含量下降，至次年2月全糖含量回升。

### 2.8.2.3 淀粉

嫁接株与组培自根株强、弱枝梢及不同节位的淀粉含量分析结果所示，嫁接株强、弱枝梢淀粉含量，4月和6月，强梢含量以6月较4月高；弱梢则是4月较6月高。8月时强、弱枝梢淀粉有增加的现象，强梢8月淀粉在4.3%～6.0%，弱梢则增加至3.5～5.1。9月强、弱枝梢淀粉含量明显下降，可能与当季第2收芽体萌发有关。至次年2月强、弱梢淀粉含量有明显上升的趋势。

组培自根株强、弱枝梢淀粉含量，强梢及弱梢在4月及6月淀粉含量有逐渐上升的趋势。8月时强、弱枝梢淀粉含量有增加的现象，强梢8月淀粉含量在2.7%~6.5%；弱梢则增加至5%~5.4%。9月强梢显著下降至1.8%~2.3%；弱枝梢淀粉含量亦明显下降至2.9%~3.8%。至次年2月各枝梢淀粉含量同时有上升的趋势。

嫁接株与组培株之间的淀粉含量，4月及6月枝梢淀粉含量较不稳定，嫁接与否及不同枝梢强度，于8月淀粉含量有增加的趋势，9月含量大幅降低，至次年2月含量皆有上升的趋势。且8月及次年2月，嫁接株与组培自根株的弱梢淀粉含量有较强梢高的现象，但9月淀粉含量皆以弱梢较强梢高。

### 2.8.2.4　碳氮比

（1）嫁接株。碳氮比值，为枝梢各部位（淀粉+全糖）/全氮的比值，嫁接株不同强度枝梢及不同枝梢部位碳氮比分析结果所示，强梢在4月各部位碳氮比最低，4—6月各部位有上升的趋势，在6.5~8，并以枝梢中部位的碳氮比值较高。8月各部位碳氮比最高，在14~22，9月强梢各部位碳氮比值明显下降至6~7。至次年2月萌芽前，强梢碳氮比有上升的趋势，在11~16。

弱梢4月碳氮比在9.5~10，各部位碳氮比值无明显差距。6月比值在10~17.5，且以中部较高。8—9月碳氮比有逐渐下降的趋势，9月各部位芽体比值为7~9，以中部位最低，至次年2月弱梢碳氮比有微上升的趋势。

（2）组培自根株。葡萄嫁接株不同强度枝梢及不同枝梢部位碳氮比分析结果所示，强梢4月各部位碳氮比在6.5~13.5，以上部位最高。6月各部位碳氮比有上升的趋势，在15~24，且以枝梢下部较高。8—9月强梢各部位碳氮比有下降的趋势，各部位芽体9月碳氮比下降至 8～13，至次年 2 月碳氮比有明显上升的趋势。

弱梢 4 月碳氮比在 10～13.5，其中以枝梢上部位较高。6 月碳氮比上升至 22～28。8—9 月碳氮比明显下降，9 月降至 8.5～9.5，至次年 2 月弱梢碳氮比有明显上升的趋势。

由巨峰及玫瑰香的碳氮比比较，得知巨峰及玫瑰香碳氮比随着枝梢生育期的不同而有类似的波动。萌芽后随着枝梢生长有上升的趋势，随之在 9 月枝梢第 2 收萌芽时，碳氮比明显下降，直到次年 2 月枝梢碳氮比又有上升的趋势。但枝梢各部位碳氮比的变化，不同品种、嫁接与否及不同枝梢强度之间，并无一致变化。

综合以上试验的结果，得知巨峰及玫瑰香品种之间，以玫瑰香枝梢生长势较巨峰强，各品种间强梢初期生长旺盛，故芽体、枝长、节宽等发育较弱枝快且大，枝梢生长至 8 月左右生长几近停滞。强梢及弱梢潜伏芽体各自在 5 月及 8 月之前，芽体外观早在枝梢生长停滞前已达稳定的大小，弱梢的潜伏芽则生长至 8 月，当潜伏芽体外观停止膨大之后，内部芽体的分化随着枝梢生长的同时开始变大。而芽体内花穗原基的变化，从 9 月枝梢停止生长后可发现，弱梢潜伏芽体内部花穗原基分化的大小与强梢花穗原基分化大小相近。而嫁接对树体的影响以巨峰较玫瑰香有明显促进枝梢生长的趋势，嫁接对于花穗原基分化的影响，初期嫁接株花穗原基分化较自根株慢；自次年萌芽前亦可发现花穗原基大小，系以组培自根株较嫁接株分化大。从枝梢的碳氮比观察可发现，枝梢碳氮比随着果实生长期间枝梢碳氮比逐渐累积。于第 2 收催芽期间，各品种不同枝梢的碳氮比有下降的趋势。且碳氮比随之在次年 2 月芽体萌发前又有上升的趋势。但枝梢各部位氮素、全糖及淀粉含量若与该生育期间芽体内花穗原基的创始量及分化大小比照，则发现没有相同趋势。

# 3 套袋厚度与颜色对防止葡萄鸟害及果实质量的影响

巨峰葡萄因其浓郁果色受到青睐，然而在其栽培过程中容易受到鸟害，毕竟也是鸟类们喜爱的食物。因此本试验的目标是改良传统套袋，使套袋不仅能防病虫害也能有效防止鸟害。

本试验共使用4种套袋进行试验，分别是绿色双层套袋（GD）、绿色单层套袋（GS）、白色双层套袋（WD）及白色单层套袋（WS）。白色单层套袋即是一般葡萄栽培用的套袋。总共进行3次试验，第1次及第3次于冬季进行，第2次则是在夏季进行。试验包含套袋防止鸟害的效果及其对果实质量的影响。

夏季试验的结果，使用绿色双层套袋的葡萄，其在正常时期采收时，果实外观均未转色，且质量低落；白色双层套袋的葡萄，则与一般套袋的葡萄无显著质量及外观差异。将绿色双层套袋延后10日采收后的结果，其花青素显著上升，由0.31μmol/g上升到1.81μmol/g，果皮中可溶性单宁含量也由2 143mg/kg下降到641mg/kg，此外可溶性固形物含量上升与可滴定酸含量下降，但仍未达正常时期采收时的一般套袋葡萄的质量。鸟害减轻的效果则是绿色双层套袋者最佳，其次是白色双层套袋者，但仅略优于一般套袋。

冬季试验的结果则与夏季不同,两次试验中将果实正常时期采收时,绿色套袋葡萄质量比起白色套袋者转色较差,但比起夏季时使用绿色套袋者佳,花青素含量及果色等都与一般套袋葡萄无差异。冬季试验的结果,延后采收后绿色套袋葡萄质量提升小。防鸟效果方面则是双层套袋明显优于单层者,而绿色套袋相较白色套袋有好的防止鸟害效果。

就试验结果而言,绿色套袋与双层套袋有防止鸟害的效果,双管齐下使防鸟效果更是卓越。夏季时推荐使用白色双层套袋,因为此时气温偏高,若再用绿色套袋降低葡萄果实光照,果实的成熟会被明显延迟;冬天时则推荐使用绿色双层套袋,不只果实质量接近使用白色单层套袋者,防止鸟害效果也相当好。

## 3.1 套袋颜色与厚度对葡萄果实的影响

### 3.1.1 试验材料

本试验材料为巨峰(*Vitis vinifera* L.)。第1次试验于C区进行,第2次及第3次试验则在D区进行。

试验过程共使用了白色双层套袋、绿色双层套袋及白色单层套袋,共3种套袋。3种套袋厚度依序为0.05mm、0.07mm及0.02mm,绿色双层套袋为白色双层套袋以绿色亚克力颜料涂布表面,而白色单层套袋即为一般葡萄套袋。

### 3.1.2 试验方法

总共进行3次试验,第1次试验于2017年9月底进行疏果,并于10月初进行套袋,12月时采收,2018年时则进行第2次与第3次试验,分别于4月下旬疏果套袋,7月中旬采收以及10月初进行套袋，12月时采收。3次试验的葡萄样本皆分成两个采收时间，第1次采收时间为葡萄中心的正常采收期，第2次采收的时间则在正常采收期之后7~10日。

第1次试验以白色双层套袋与绿色双层套袋共2种套袋进行试验，2种处理各有35次重复，总共70串葡萄样本。

第2次试验以绿色双层套袋、白色双层套袋及白色单层套袋共3种套袋进行试验。3种套袋各有20次重复，总共60串葡萄样本。

第3次试验则使用白色单层套袋与绿色单层套袋，2种套袋皆为纸质。田间各有45次重复，两者相加共90串葡萄样本。

## 3.1.3　调查项目

### 3.1.3.1　果色

一串果实分成3段，上半部取3颗果实，中间取4颗果实，下半部取3颗果实进行果色的测量，并以该10颗果实进行全可溶性固形物、可滴定酸度、果径、硬度、花青素含量及单宁含量的分析。第1次与第2次试验的葡萄果实以赤、紫、黑色葡萄专用标准色卡进行颜色比对。第3次试验则以手持式标准色差仪测量果皮赤道位置颜色，其值为$L$、$a$、$b$值。$L$值为明度，白色明度为100，黑色明度则为0；$a$值为正值偏红色，负值则偏绿色；$b$值数值为正值偏黄色，负值则倾向蓝色。

### 3.1.3.2　果径

取测量完果色的10颗果实，以日本Mitutoyo公司制造的电子光标尺，测量果实赤道位置的果径。

### 3.1.3.3　硬度

取测量完果色的10颗果实，以Sun Scientific公司制造的物理性质测定仪（Compac-100）进行测定。以仪器上Mode20进行，采刺穿测量，刺入深度为5mm，刺入速度为200mm/min，测量值以千克（kg）表示。

### 3.1.3.4　果粒数

每串葡萄样本由果串上至下，将葡萄果粒剪下并计算总共有多少果粒数。

### 3.1.3.5　全可溶性固形物

以测量完上述测试项目的相同的10颗果实进行测量。首先将果实都放入塑胶袋压破后将果汁倒入烧杯，再以滴管吸取约1mL果汁，并以手持式Atago公司制作的电子糖度计（PR-32）测量果汁中可溶性固形物的含量。

### 3.1.3.6　可滴定酸百分比

取测量可溶性固形物时剩余的果汁5mL，加入25mL的去离子水。稀释后的果汁样本加入约1mL的酚酞指示剂，之后以1N NaOH水溶液进行滴定。

### 3.1.3.7　果重

将整串葡萄去除果梗及穗轴后，将果实放置在电子式天平上测量，单位为g。

### 3.1.3.8　花青素含量

取测量完可溶性固形物与可滴定酸度剩余的果实残渣，将果皮与果肉分离。分离的果皮以液态氮冷冻并以kingmech公司的冷冻干燥机（PD–24），进行冷冻干燥3日。冷冻干燥完的样本以研钵磨碎，取1g粉末进行测量。取1g粉末样本放入装有5mL 60%甲醇与1%HCl的萃取液中。放置黑暗中24h之后，以Hitachi公司制造的分光亮度计（U–2000）测量样本520nm、620nm及650nm的吸光值。含量的计算方法，$Abs$（吸光值）$=\varepsilon bc$（$b=1$，$\varepsilon=46\,200$，$c$则为花青素含量），再除以样本重，单位为mol/g。花青素的吸收值（$Abs$）$=(A530-A620)-0.1(A650-A620)$，单位以μmol/g表示。

### 3.1.3.9　可溶性单宁含量

采用Folin–Denis分析法，取测量花青素时制备的冷冻干燥果皮粉末，将1g粉末放入装有80%甲醇萃取液20mL的离心管中，以Sorvall公司的高速离心机（RC–5C）设定12 000×g进行高速离心。取离心后的上清液1mL加入6mL纯水。将上清液水溶液添加去离子水稀释10倍之后，加入Folin–Ciocalte试剂0.5mL静置3min，再加入1mL饱和碳酸钠水溶液后进行振荡，最后加入1.5mL纯水静置1h。水溶液样本以BMG Labtech公司制造的Elisa Reader（FLUO star Omega），测量样本725nm的吸光值，单位以mg/L表示。

### 3.1.3.10　夏季袋内温度

将Onset公司制造的Datalogger（U23–003）传感器放入果实套袋内记录每15min的袋内温度变化。并计算当月的平均数值及最高温，单位为℃。

### 3.1.3.11　各种套袋的遮光率

以泰仕公司制造的手持式亮度计（TES–1332）测量果园中

午12点整时的亮度及放置在各种套袋时的亮度。遮光率（％）=亮度计放置在袋中的亮度/亮度计未放入袋中的亮度×100。

## 3.2 套袋颜色与厚度对防止鸟害的效果

### 3.2.1 试验方法

第1次试验以每天早晨6点半开始记录鸟类出现频率直到7点半，记录范围为葡萄中心的葡萄栽种区。将葡萄中心大概分4区，观察点为4区交界即葡萄栽种区的中心点。每一区观察15min，以鸟类确实有停留在葡萄棚架上为准，为鸟类群集计数法，并且记录田间套袋数量变化。

第2次与第3次试验的记录方法则是记录套袋的破损量，破损量不包含因葡萄病害或天气导致的落袋或腐烂。

### 3.2.2 调查项目

田间套袋破损量与累积破损数量、各葡萄种植区块鸟类出现频率。

## 3.3 套袋颜色对果实质量的影响

### 3.3.1 果色

2017年的冬季试验以使用绿色与白色双层套袋的葡萄进行外观比较，绿色套袋葡萄与白色套袋者外观相近（图3-1），依照标准色卡比对的结果，果皮对应的色码亦相近。2018年的冬季则以绿色单层套袋与白色套袋葡萄进行试验，果色以手持式色差仪器测量出的L、a及b的数值相当接近,且无显著差异。两次冬季试验的结果显示套袋颜色在冬季时对葡萄果色的影响不大。

12/15采收的白色双层套袋的葡萄

12/22采收的绿色双层套袋的葡萄

12/22采收的绿色双层套袋的葡萄

**图3-1 套袋颜色与采收期对冬季葡萄外观的影响**

2018年夏季试验与2017年冬季试验相同,以绿色双层套袋与白色套袋的葡萄果实进行试验,配合专用色卡进行比较。绿色双层套袋的葡萄样本,果串上几乎没有转色完全的果实,而白色双层套袋的葡萄果实均有转色(图3-2)。绿色套袋葡萄与白色套袋者,果皮颜色对应的色码,正常时期采收时绿色套袋者果色比白色套袋者差,但在延后采收与白色套袋者相近。该试验结果显示夏季使用绿色套袋会延迟葡萄果实转色(图3-3)。

白色单层套袋　　　　　　　　　　白色双层套袋

绿色双层套袋

**图3-2　套袋颜色与层数对夏季葡萄果实外观的影响**

白色双层套袋　　　　　　　　　　绿色双层套袋

**图3-3　延后采收对夏季葡萄外观的改善效果**

### 3.3.2　果径、果重与硬度

夏季试验的葡萄，比较两种套袋颜色对果实果径、果重与硬度的影响，平均果重及硬度都是使用绿色套袋者稍高。2018年冬季试验的结果，绿色套袋者硬度较高，但使用白色套袋者其果径较宽，其他没有显著差异。

### 3.3.3 可溶性固形物与可滴定酸含量

根据夏季试验的结果，套袋颜色对葡萄所含的可溶性固形物多寡有显著影响。使用绿色套袋的果实，其可溶性固形物含量比使用白色者低，约只有后者的64%。可滴定酸百分比的部分，绿色套袋的果实亦呈现出较高的酸度（图3-4）。

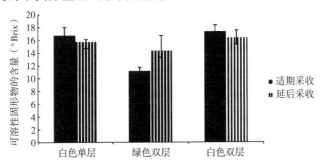

**图3-4 套袋及采收期对夏季葡萄可溶性固形物的影响**

冬季试验则呈现与夏季试验相同的结果，使用绿色套袋的葡萄其可溶性固形物较白色套袋者低（17.7∶21.1），可滴定酸较高（0.72%∶0.91%），但两者差距比夏季试验的结果小（图3-5）。

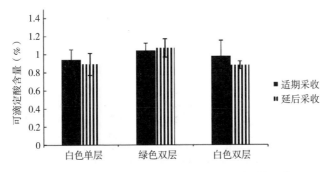

**图3-5 套袋及采收期对冬季葡萄可滴定酸的影响**

### 3.3.4　花青素与可溶性单宁含量

夏季试验中，使用绿色套袋的葡萄其果皮中花青素含量远低于使用白色套袋者，仅有后者约15%的花青素含量（0.31μmol/g），然而可溶性单宁含量却达到后者2倍（图3-6）。

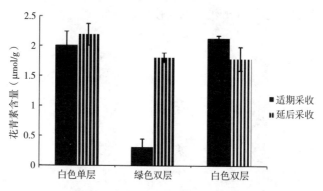

**图3-6　套袋及采收期对夏季葡萄果皮花青素含量的影响**

冬季试验的结果与夏季略有不同，无论使用何种颜色的套袋，果皮所含的花青素都在2μmol/g以上。绿色套袋的葡萄其果皮的单宁含量较高，但相比白色套袋者则未有夏季试验结果那般悬殊（图3-7）。

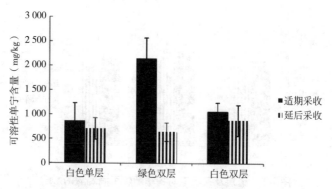

**图3-7　套袋及采收期对夏季葡萄果皮的可溶性单宁含量的影响**

## 3.4 套袋层数对果实质量的影响

### 3.4.1 果色

比较夏季试验的白色单层与白色双层套袋对葡萄果色的影响，依照葡萄专用色卡比对的结果，双层套袋者果皮颜色较浅（图3-8）。

冬季试验的结果，从果实外观上看均有转色，但两次冬季试验的测量方式，一为色卡对照，另一为使用手持式色差仪，故不做对照。

### 3.4.2 果径、果重与硬度

根据夏季试验的结果，套袋厚度对果实果径、果重与硬度皆无显著影响。

### 3.4.3 可溶性固形物与可滴定酸

夏季试验的结果，无论是使用双层套袋或单层套袋，其可溶性固形物与可滴定酸的含量都没有显著差异。

冬季试验的结果则是双层套袋者可溶性固形物较低，而可滴定酸的含量较高。

### 3.4.4 花青素与可溶性单宁含量

夏季试验中，套袋厚度对花青素与可溶性单宁含量无显著影响。

## 3.5 套袋颜色及层数与采收期对果实质量的影响

### 3.5.1 果色

夏季试验中，延迟采收的时间使绿色套袋的葡萄果色有明显转变，且已转色的果实其浓艳度与使用白色套袋者无明显差距（图3-8）。

绿色套装

白色套装

图3-8　套袋颜色对葡萄外观的影响

冬季试验中，正常时期采收的绿色套袋葡萄大部分都已经转色且与白色套袋者无显著差异，延后采收期并没有观察到明显的改变（图3-9）。

绿色套装

白色套装

图3-9　延后采收对冬季葡萄外观的改善效果

## 3.5.2　果径、果重与硬度

夏季试验中，延后采收使白色套袋果实果重提升至与绿色套袋者相近，果径与硬度两者依然无显著差异。但两者硬度相较于正常适期采收时均有下降。

冬季试验呈现的结果，两种颜色套袋的葡萄硬度及果重皆有提升，但果径只有白色套袋者有明显上升。

## 3.5.3　可溶性固形物与可滴定酸

夏季试验中延后采收的时间能使绿色套袋葡萄可溶性固形物含量有所提高，白色套袋者微幅下降但无显著变化。而可滴定酸部分，则是绿色套袋者有微幅上升，白色套袋者相反（图3-10、图3-11）。

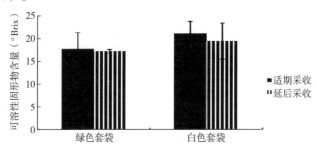

**图3-10　套袋颜色及采收期对冬季葡萄果实可溶性固形物含量的影响**

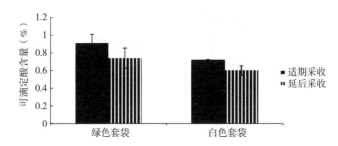

**图3-11　套袋颜色及采收期对冬季葡萄果实可滴定酸度的影响**

### 3.5.4 花青素与可溶性单宁含量

冬季试验则与夏季试验结果不同，白色套袋者与绿色套袋者其果皮花青素含量变化幅度都不大；延后采收两者单宁含量则都有明显下降。

夏季试验中，套用白色套袋的葡萄，果皮的花青素以及单宁含量都有小幅下降但无显著差异，而绿色套袋者则相反，花青素含量大量提升，单宁含量大量下降（图3-12至图3-15）。

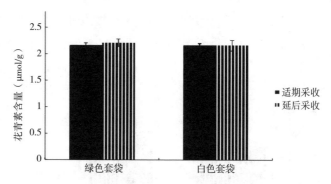

图3-12　套袋颜色及采收期对冬季葡萄果皮花青素含量的影响

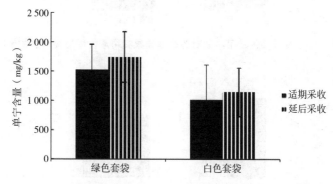

图3-13　套袋颜色及采收期对冬季葡萄果皮单宁含量的影响

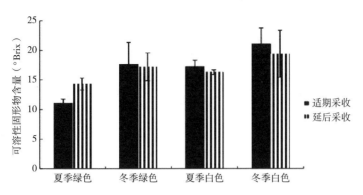

图3-14 套袋颜色及采收期在夏季与冬季对果实可溶性固形物含量影响的比较

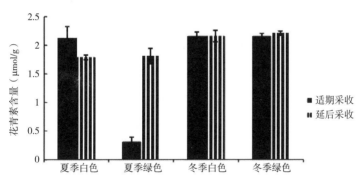

图3-15 套袋颜色及采收期在夏季与冬季对果皮花青素含量影响的比较

## 3.6 套袋颜色与层数对防止鸟害的效果

### 3.6.1 套袋颜色对防止鸟害的效果

　　总共3次试验都呈现绿色套袋的葡萄有较高防止鸟害的效果，其中第1季试验中，绿色套袋与白色套袋者差距最明显，甚至到采收前4日，使用绿色套袋的葡萄都仅有少量损失（图3-16）。第3次试验中，无论是白色套袋葡萄或绿色套袋者都有受到鸟害侵袭，但绿色套袋者仍然保持较平缓的损耗速度。

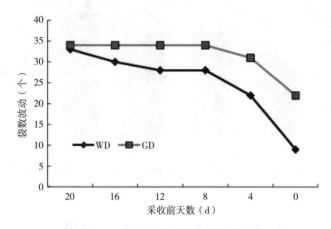

图3-16　冬季采收期前套袋数量变化

　　3次试验在采收日时的剩余量中显示，绿色套袋葡萄的损耗量与白色套袋者相比都明显较低。夏季时，观察记录田间鸟类出现频率，有使用绿色套袋的区块，并没有发现鸟类出现频率降低的现象（图3-17）。

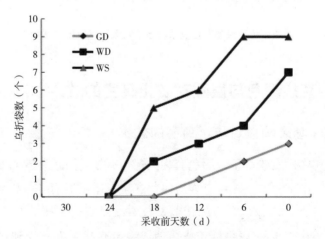

图3-17　夏季葡萄采收期前套袋耗损累积量

### 3.6.2　套袋层数对防止鸟害的效果

第2次试验中，同样是白色的双层套袋以及单层套袋，套袋累积量也有显著差异。单层套袋者在采收前18日，破损累积量就达到总数的25%，而使用双层套袋者在此时损失量仅有10%（图3-18）。

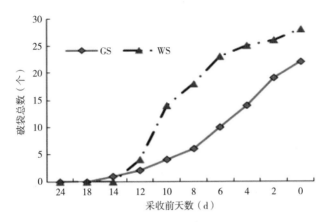

图3-18　冬季葡萄采收前套袋耗损累积量

## 3.7　套袋的遮光率

试验中共使用4种套袋，其中以绿色双层套袋最厚，为0.07mm，其次是白色双层套袋，为0.05mm，单层套袋则皆0.02mm。

套袋遮亮度以高到低排序为绿色双层套袋、绿色单层套袋、白色双层套袋，最后则是白色单层套袋。

## 3.8　套袋颜色与层数对葡萄果实质量的影响

套袋在葡萄栽培上是很重要的工作，能够避免果实在发育过程中受到病虫害的黏附及侵扰，也能保护果实不受风吹日晒。部分套袋表面被设计成网状或是老鹰图案等，期望避免或至少降低鸟害发生，然而对套袋表面的加工，是否能发挥期望的作用，会不会对果实质量产生影响是以下要探讨的重点。本试验比较"绿色与白色"，及"双层与单层"套袋对葡萄果实质量的影响。

### 3.8.1　果实的可溶性固形物与可滴定酸

可溶性固形物及可滴定酸作为重要的初级代谢产物及直接影响葡萄风味的因素，因此调查套袋对上述两者含量的影响尤其重要。

在夏季与冬季进行不同颜色套袋对果实影响的试验，得到不同的结果。夏季试验中，绿色套袋有较高的遮光率（88%），且夏季试验时袋内温度较高，因此推测绿色套袋遮光及较高温延缓了果实成熟，导致果实与使用白色套袋者相比，可溶性固形物累积量较低（11.1：17.3）可滴定酸偏高（1.07%：0.89%）等，可见果实成熟度较低。然而在冬季进行同样的试验，却发现绿色套袋葡萄的质量与白色套袋者相比，果实可溶性固形物累积与可滴定酸含量较差但差距不大。以冬天进行的果穗遮阴试验进行佐证与比较，发现被遮阴者的可溶性固形物含量甚至比无遮阴者稍高。而人工遮阴试验则指出，果实无论是在自然情况下被遮阴，例如结实在枝条或叶片底下，还是人工将其遮阴，其可滴定酸与可溶性固形物等含量都没有显著的差异，但也指出，试验中被遮阴的果实，其温度较低且蒸气压差（VOD）也有所改变，可能也是影响果实质量的因素。故推测冬季的低温弥补了缺乏光照对果实质量的副作用，也避免了高温延缓果实成熟的缺点。葡萄果实发育过程也与叶片息息相关，除了叶片可能带来的遮阴效果外，叶片的多寡也会影响果实成长，如果叶片被遮蔽使光合作用效率降低或是进行除叶处理都会使葡萄果实糖度下降，所以果实发育过程中应维持适当的叶片受光面积及叶片数，故试验进行中，可以加入叶片数目与果串比例的统计以佐证，若叶片没有发挥遮阴效果，是否影响果实养分运输，根据夏季测量袋内温度的结果显示，绿色双层套袋除有最高遮光率外，袋内的平均温度也较高，袋内最高温甚至比一般套袋高出2℃，达到31℃。高温也会影响糖类合成基因的表现，葡萄中合成淀粉相关的基因如β-淀粉酶基因及多聚半乳糖醛酸酶基因等。在高温下，其活性降低而影响糖类合成。不仅如此，也应指出高温甚至会影响CHS基因的活性，也就是影响花青素的合成。根据以上学者的试验结果，夏季高温及遮阴使绿色套袋的果实在发育过程中受到多种阻碍而导致其果实成熟度较低。不过绿色双层套袋是由白色双层套袋涂上绿色亚克力颜料制成，可能由于防水亚克力颜料的涂布，造成套袋透气度降低而影响果实发育，还需要进一步试验套袋透气度对果实发育的影响来佐证。

葡萄果实中的有机酸主要为酒石酸，其次为苹果酸。而可滴定酸含量，会随着果实成熟度上升逐渐下降，并且其含量高低也与植物液胞的质子运输有关。随着果实成熟，液胞的质子运输相关基因的活性也会上升，苹果酸在此过程中被运输到果实内并且被分解。

因此如果以可滴定酸含量作为成熟度高低判断的依据，使用绿色套袋的果实成熟度明显比较低，此外结果株生长过程中的矿物吸收也会影响生产出的果实可滴定酸含量，施用高钾肥会使葡萄植株吸收钙及镁的效率降低，此外钾离子能与酒石酸合成钾盐，导致果汁中的可滴定酸含量下降。有学者指出在设定温度环境下葡萄冬果的酸度普遍高于夏果，但本次试验的结果并非如此，推测可能与品种有关。

而以套袋厚度的差异进行比较的夏季试验，则未发现单层套袋与双层套袋收成的果实间有可溶性固形物及可滴定酸的显著差异，双层套袋虽然袋内温度较高，但差异也许不足以使果实质量改变，仅较单层者高出约1℃；此外两者遮亮度也相近，可能是白色双层套袋未使用防水颜料涂布所以没影响到厚度或是透气度等。但是在冬季试验中，2017年的试验只收集到果实的糖度与酸度，对照2018年试验中使用双层套袋的葡萄，其糖度较单层者高，酸度亦较低。但冬季双层套袋内的温度数据因仪器异常遗失，无法断言冬季时温度在双层套袋内与外界环境相比是较高还是较低，双层套袋在冬季也可能发挥保温作用等尚未确定。

### 3.8.2　果径、硬度与果重

葡萄的发育过程属于双"S"曲线，可分为3个生长阶段，其中以第2阶段时，葡萄发育重心在胚的成长，故此时的果径大小及果重变化皆不明显。

直到进入第3阶段，胚已经发育完成，果实进行快速膨大及转色。硬度与果径提升相反，会随着果实的可溶性固形物含量增加而逐渐下降。

观察夏季葡萄套袋的颜色，对果实的果径、硬度与果重带来的影响，发现除了白色套袋者果重较绿色套袋者低外，其他数值无显著差异。比较套袋厚度是否带来差异，也未发现任何显著差异，但硬度比使用绿色双层套袋者低。冬季试验的结果，则是使用绿色套袋者，硬度较高，其他数值无显著差异，两次试验中，绿色套袋者硬度都高于使用白色套袋者。

影响果实果径、硬度与果重最主要的因素是果实的成熟度，但果实主要膨大以及软化发生在果实成长的第3阶段，故根据上述硬度的差异与可溶性固形物及有机酸含量的结果作推断，使用绿色套袋者成熟度应不如使用白色套袋者，但果重却优于白色套袋者，值得探讨背后因素，也可能是样本数不足的偏差。推测可能与样本数少造成的偏差或者是与结果母株不同有关，试验中应该取同一结果母株枝上果实进行试验以排除结果株个体差异可能的误差。

### 3.8.3 花青素与果色及单宁

对照夏季试验的结果发现使用绿色套袋的葡萄，果皮中花青素含量远低于使用白色套袋者，然而在冬季试验时，无论使用何种颜色的套袋，花青素含量均无显著差异。同样使用巨峰葡萄在不同温度以及光线环境下花青素含量的试验结果，其结果为高温且遮阴会降低花青素含量，但低温与光照则会提高。本次试验结果显示绿色套袋的果实虽然遮阴程度较高，但在低温环境下生长，花青素的含量及果实外表与白色套袋者无显著差异，推断温度会显著降低果皮中花青素的合成，影响力可能足以抵消缺乏光照的影响。

高温会使花青素合成基因表现量降低，故夏季试验的结果符合预期。对外观进行葡萄专用色卡的比对结果进行分析，夏季绿色套袋的葡萄转色程度未有白色套袋者转色均匀，绿色套袋的葡萄甚至没有转色，符合测量出的绿色套袋葡萄的花青素含量与白色套袋者相差悬殊的结果（2.13∶0.31μmol/g）。绿色套袋葡萄的果皮其单宁含量也比白色套袋者高非常多，将近2倍（2 143∶1 064mg/kg），在果实成熟过程中会大量降低，加上糖度与酸度比较的结果，断定成熟度与白色套袋者有显著落差。遮阴也会影响花青素合成及相关基因活性，以套袋厚度造成的遮光率差别对花青素及单宁的影响进行比较，双层白色套袋与单层白色套袋者遮光率相近，但与绿色双层套袋差异甚大，故采用其白色套袋的果实无呈现出显著差异，但与绿色套袋者差异显著，故推论遮光率对果实发育的影响很大，但该试验中使用的双层套袋的厚度差异可能带来的其他变因，如透气度等，不足以影响果实成熟。关于遮光对花青素含量的影响也有其他说法，在人工遮阴试验的结果中发现，遮阴果实的花青素总量并没有出现显著差异，只是组合总花青素含量的各色素比例有所变动。酰基化的花青素例如锦葵素（Mavidin）含量上升，相反的未酰基化的翠雀花素（Delphinidin）含量下降。

而冬季试验的结果也大致符合上述学者提出的报告，即冬季低温使夏季果实因高温产生的延迟成熟现象消失。2018年的果色数据以手持式色差仪收集，比对绿色套袋与白色套袋果皮颜色的结果，虽然使用绿色套袋者其色相角呈现的结果未有白色套袋者鲜艳，但根据统计的结果，仍在5%内无显著差异。

推定冬季时低温能帮助花青素生成，故使用白色或绿色套袋对果皮中花青素的含量并没有显著影响，然而单宁的含量却依然是绿色套袋葡萄略高。若参考上述两者间糖度与酸度还有硬度与果径等的比较则能推测绿色套袋者成熟度稍低，即使低温能帮助花青素生成，但对其他部分的提升效果影响有限。

影响花青素合成的因素也包含紫外线及离层酸等，以人工方式加强紫外线对葡萄果实的照射，得到会影响葡萄发育的结果。本试验中4种套袋，都未进行测试紫外线穿透率以及入射量等，因此紫外线在果实发育过程中是否有影响需要进一步探讨。离层酸则与紫外线对葡萄的影响效果不同，离层酸能够刺激花青素合成基因的表现量以及持续时间，若分析试验中样本离层酸的含量，便能作出更精确的推敲。

### 3.8.4　延后采收果实质量的变化

夏季葡萄延期采收后，白色套袋者可溶性固形物含量稍微下降，但由于与正常采收期采收时的葡萄并非同一串，可能是不同结果母株的个体差异造成的差异。

值得一提的是，白色双层套袋葡萄，延后采收的平均果重显著提升，但这是否代表正常时期采收时的果实并非完熟，又或者也是结果母株的个体差异。在正常时期采收时，白色套袋葡萄就已经转色，应该不会出现果重大幅提升的现象，需要更进一步的研究。而使用绿色套袋的葡萄，在延后采收后，质量得到一定程度的提升，其果串转色变得明显，花青素大幅上升伴随单宁含量下降，且糖度上升达23%，可滴定酸百分比则无显著差异。

冬季试验的结果与夏季试验不同，在正常时期采收时，质量就接近白色套袋者且相较夏季试验的结果其成熟度高出许多。然而，延后采收的绿色套袋质量依然有稍微提升，观察到果实硬度及酸度的下降。另外无论是白色套袋葡萄或是绿色套袋者都有果重下滑的现象，但白色套袋者果径有所提升。此外，白色套袋葡萄延后采收发现有部分果串其果粒相当小，并且没有种子但其质量与正常果串无显著差异，认为可能与果实发育期间疏果不良有关。巨峰葡萄无子异变的产生也与子房内胚珠异常或是花粉管活力不足无法伸长有关。关于冬季延后采收试验的结果，另一种推测是冬季试验延后采收的时间（10日），不足以使未成熟果实有显著成长，延长采收期或许可以得到明显的差异。

# 3.9 套袋层数与颜色对防止鸟害的效果

由于鸟类视觉锐利，藏在葡萄枝条里的果串势必会被发现。与常见的以吓阻或忌避的方式驱赶鸟类的方式不同，本试验进行时，增加套袋层数以加强厚度减少被损害的可能与让鸟类不易发现目标为方向同时进行试验。加强厚度即使用加厚的套袋去检视能否降低鸟类啄破套袋的机会；另一部分是为了使鸟类不易察觉果实的存在，而把部分白色套袋替换成了绿色套袋，试图在鸟类视野中，将套袋果实藏在一片葡萄叶与枝条中。能否减轻鸟害则以试验用的特殊套袋在采收前的剩余量作为依据。

## 3.9.1 套袋加厚对防止鸟害的效果

根据第2次田间套袋试验的结果，使用双层套袋的葡萄与一般单层套袋葡萄相比，采收前的剩余量较多，约多了10%，若观察其套袋果实损耗量的成长曲线也相对平缓，采收期前18日，单层套袋与双层套袋损失量为5：2，但接近采期时损耗上升加剧。值得注意的是，双层套袋对于鸟害的防止效果稍好，但田间依然可以发现被鸟类撕破或啄破的双层套袋，鸟类依然有机会可以破坏双层套袋的，但相较于单层者防护效果高。

采收的果品方面，依据试验中果实质量的检测结果，使用白色双层套袋得到的果实质量相当接近使用一般套袋的果实。因此，如果要降低鸟害的同时，不影响到质量，加强套袋层数是不错的选择。

根据田间观察的结果，试验田中经常出现的鸟类族群主要以喜鹊为主，设计以改良材质厚度或韧性以达到防鸟效果的套袋时，若能得到野生害鸟脚爪的握力与拉力极限数据，就能作为参考以试图设计出防护力在其之上的套袋来加强防鸟的效果。

比较第1次与第3次试验的结果，虽然同样使用绿色套袋，但第3次的试验中，使用单层套袋者，最终果串剩余量较低（63%：45%）。绿色套袋的试验结果也证明去除颜色的影响外，套袋厚度确实能够发挥防止鸟害的效果。

## 3.9.2 套袋颜色对防止鸟害的效果

总共3次田间套袋试验的结果都显示，绿色套袋的果实比白色套袋者，在采收日的剩余量都比后者高。后2次试验中，采收期前以两种颜色的套袋破损总量为参考以推估防鸟效果，绿色套袋都有不错表现。有学者以同样成分但不同颜色的合成果实与各种不同颜色的天然果实分别在人工模拟自然环境中进行鸟类自由取食的试验。无论是人工果实或是天然果实，绿色果实被鸟类选择的数量都是极低。而天然果实中，鸟类偏好黑色及红色；合成果实则偏爱红色。上述试验结果显示排除气味与质地等水果间的差异，绿色的果实的确不受鸟类青睐，但也可能是绿色元素在自然环境中大量出现使绿色果实相当不明显的结果。根据前人研究与该次试验的结果，无论绿色套袋对于鸟类嗜好起了作用或是成为保护色，绿色套袋能发挥防止鸟害效果是肯定的。

根据第1次的鸟类出现频率观察结果，有使用绿色套袋的田区，鸟类出现频率未有显著减少，该区每15min的鸟类出现频率虽然不是最高但也不是最少的。实际观察时使用群集计数法，观察地点符合视野开阔的条件，然而每个园区地块比邻的环境不同，加上试验范围相比整个葡萄栽种园区范围小，如果加大试验范围相信能够得到符合期望的数据。

# 3.10 分析

根据以上试验结果显示，加厚套袋以及使用绿色套袋都能发挥防止鸟害的效果。夏季试验中，双层套袋比起单层套袋者，在采收前的剩余量多，若再染成绿色纸袋则防护效果会更好。冬季使用双层绿色套袋，剩余数量与使用白色双层套袋者比较，多了将近40%。

但使用何种套袋才能兼顾防止鸟害效果与果品需要因时制宜，冬季时使用绿色双层套袋最好，夏季时则是使用白色双层套袋。利用冬季低温便能使绿色套袋中的果实成熟度提高；而夏季使用白色双层套袋，则能避免套袋本身可能对果品造成的不良影响。

试验结果也显示果实在生长期间，受到多种因素调控，尤其以光线、温度影响特别明显且彼此环环相扣。故套袋固然会对果品造成影响，我们依然能够藉由改变其他栽培条件，如人工温调或是遮阴，甚至改变结果母株营养或水分吸收等措施，来改善果品。因此使用套袋来防止鸟害是可以期待的，另一个重点是，使用套袋防止鸟害并不会影响鸟类族群的存续，因此不用顾虑会因为防止效果导致鸟类族群受到危害或是其他潜伏的生态危机。对农民而言，也省下额外进行其他防鸟措施的成本以及劳动力。

本次试验结果证明改良套袋厚度及颜色对防止鸟害效果明显，此外友善生态的农法也是友善农民自身。能确保农民身体健康亦保护环境，才是农业发展的趋势，值得进一步的研究及发展。目前已知套袋的厚度与遮光率等会对果品造成影响，除了配合季节使用不同厚度的套袋以减轻套袋的负面影响之外，若能结合相关制造业者进行产学合作，研发对果品影响极轻甚至不影响的新颖套袋，除能降低作物的鸟害损失外，更能保证农民收成到相当令人满意的果品。

# 4 葡萄果实采收后的质量变化与脱粒问题

## 4.1 葡萄果实的发育构造及特性

葡萄果实发育期间若依其果房的直径、长度、体积及鲜重等参数的变化，可分为3期，且呈现双"S"曲线。第1期（PhaseⅠ）为快速生长期，其中有2~3周为细胞快速分裂阶段，之后细胞则逐渐生长扩大，在第1期结束时种子的发育与大小几乎已达到最终发育完成阶段；种子通常为丰富的荷尔蒙来源，有籽葡萄较无籽葡萄含有较高的类激素化合物（Gibberelin-like compounds）与离层酸（Abscisic acid），因而推测种子对果实发育与成熟的荷尔蒙调节具有相当的贡献。第2期（PhaseⅡ）为慢速生长期，于此时期胚胎发育迅速且在第2期结束前几乎可发展至其最大体积，酸度到达最高而糖类也开始堆积，果实叶绿素开始流失、果实的绿色逐渐褪去。第3期（PhaseⅢ）为第2次的快速生长期，特征为果实外观与组成快速的变化，包括果实体积变大、质地变软且增加可变形力（Deformability），果实内葡萄糖、果糖、游离与总氨基酸、总蛋白质与总氮物质含量的增加、有机酸（主要为苹果酸）与氨浓度的降低、果皮叶绿素的流失与花青素的蓄积、呼吸速率降低，且在最后有某些特定酶活性会提高。此3期的长短与表现受育种与环境的影响，无籽葡萄的生长曲线则无此明显的分期，其缺乏Phase II 所致。

葡萄果实构造由小果梗（Pedicel）、外果皮、果肉（中果皮）、种子及维管束组成，一般果实中含有4颗种子，约占果实总重10%，果实中维管束网分为自小果梗连接种子及连接底端胎座，此组成一般称为刷子（Brush），另有维管束连接外果皮。较厚、坚硬的果皮可抵抗果实采收、运输及贮藏期间因处理所造成的伤害。葡萄果实中含有丰富的葡萄糖，其一般成分分析：水分含量占70%～80%，碳水化合物15%～25%，有机酸0.3%～1.5%，蛋白质0.15%～0.9%，矿物质0.3%～0.5%，并含有多种维生素。

成熟巨峰葡萄果房其外观特性为：果轴呈黄绿色、果梗呈绿黄至黄褐色，果粒大，为15～16克，果皮呈紫黑色，具果粉包覆，果肉有弹性、厚而软，易与种子分离造成果实脱粒而不耐贮运。观察"巨峰"葡萄果实内部：成熟果肉水分降低，高透明度可清楚看见种子位置及个数、果肉糖度17°～20°Brix、酸度0.5%以下、口感无涩味及苦味、具特有芳香味。

## 4.2 葡萄果实的脱粒

### 4.2.1 葡萄果实脱粒的类型

植物的组织脱落现象会发生在病害、压力或生长发育的最终阶段。葡萄果实脱粒为采收后果实从小花梗脱落的现象，脱粒过程是从果梗的变色与萎缩开始。果实脱粒的方式可分为两大类：湿脱粒（Wet drop）与干脱粒（Dry drop）。湿脱粒由外力拉扯造成维管束断裂、果实脱落，于脱离处小花梗会产生刷子状构造，预防湿脱粒可从妥善小心的包装、运送过程以及坚固的包装材质着手；干脱粒是由"离层"现象造成，因细胞壁的崩解使果实自小花梗分离。果实脱粒发生时期依不同因素而略有差异，有些葡萄因采收时不当的处理会立刻造成果实脱粒，有些则于采收后3～4日或7～8日才开始出现果实脱粒现象，若将葡萄置于冷藏下可延长至10日以上才开始出现果实脱粒现象。以下几点会加速干脱粒发生：一是采收前土壤的水分逆境。二是采收时干热的天气。三是过早采收。四是果实种子数少。五是果实采收到进入冷藏的时间间隔太长。

## 4.2.2 影响葡萄果实脱粒的因子

### 4.2.2.1 采前因子

（1）品种特性。贮藏或运输中葡萄损坏脱粒的形式有许多种，通常是来自易损伤的或脆弱的果梗，其果梗易受损伤，在不当的包装或搬运过程中使果梗侧面出现破损，因此出现一小串的果实脱落情形。有些品种则因小果梗脆弱而造成果实个别的脱粒。欧洲品系葡萄具有果实易脱粒的特性，而巨峰葡萄具3/4欧洲葡萄的特性。通常果梗粗大而带青色、组织松软、氮素与水分多者较易脱粒；果梗细硬呈鲜绿色，而有细强的纤维者较不易脱粒。

（2）管理与施肥。氮钾肥施用量太多，而磷与硼、铁微量元素等施用量较少的果园，果实脱粒情形增加。一般磷肥施入土壤后，磷素于土壤中移动性较差，将被固定于土壤中，不易随水流失而累积于土壤中，成为难以分解的状态，不易被植物吸收，需溶磷菌溶解此类累积的无机及有机结合的磷素，使成为易被吸收形式。

磷肥施用的功能包括：提高果树的碳水化合物含量或根、茎、叶的碳氮比，可以抑制新梢的徒长，减少落花和单性结果，加强花芽分化，促进果实的着色、成熟、提高质量、减少脱粒和病害，果实脱粒多数发生于氮肥和灌水太多或排水不良的果园。

（3）采收时机。夏果采收期正逢雨季，雨水多不利采果更降低葡萄原有糖度与风味，易引起果实脱落与腐烂。

### 4.2.2.2　采后因子

（1）贮藏环境。葡萄果实为非更年性果实，采收后呼吸率相当低，在5℃下呼吸速率5～10mg $CO_2$/（kg·h），与苹果、凤梨、奇异果和椰子等同属于水果中呼吸速率最慢的一群，亦无明显呼吸高峰产生，且乙烯生成速率缓慢，于20℃下乙烯生成率小于0.μL $C_2H_4$/（kg·h），但仍需借由低温冷藏移除果实代谢所产生的呼吸热。随着贮藏温度越高，葡萄果实本身产生的呼吸热越大，若此呼吸热未加以移除，将影响果实的贮架寿命。此外，贮藏温度越高，葡萄内部的分解代谢速率越高，果胶水解（Pectinase）与纤维素水解（Cellulases）活性增加，细胞壁结构崩解，加速脱粒生成。贮藏室的空气流动应以足够移除果实所产的热与自地板、墙壁、天花板的缝隙或开关门所流入的热，避免温度上升通常使用每分钟3～7m的空气流速，相对湿度建议为92%～96%，可避免葡萄表面的水分散失及过高的流速造成果实脱水、皱缩。当空气流速加倍时，水果水分散失速率约增加1/3。

（2）小果梗离层（Abscission）形成。由形态学得知离层区（Abscissionzone）的顶端为脱落现象发生的位置。由于植物组织的脱落与离层现象影响产品质量甚巨，早在三四十年前便引起学者热烈的研究，1971年便已提出离层区含5～8层的细胞，且细胞出现细胞质密度大幅提高、细胞核与核仁（Nucleoli）增多、蛋白质合成增加等现象，并暗示有果胶与纤维素降解酶参与其中。

虽然目前对于离层的生成原因与调节方式仍未十分清楚，但已有证据显示离层产生过程受到乙烯的促进且受到植物生长素（如IAA）的抑制。果实成熟时所释放出的乙烯参与离层的形成与发展。在离层形成过程中乙烯释出量有明显升高的现象，且以乙烯合成抑制剂氨氧乙基乙烯基甘氨酸（Aminoethoxyvinylglycine，AVG）处理有效抑制苹果落果，以乙烯作用阻碍剂硝酸银处理的巨峰葡萄果实，并无抑制落果的效果。乙烯并非直接造成离层与脱粒的因子，而扮演着二次作用的角色。然而乙烯确实为调节离层发生时间的决定因子，随着基因转殖技术的发展，*ETR1*（形成乙烯受体的基因）突变的植株与可自行产生抑制乙烯合成酶的植株等，这些植物不但使发生离层现象的时间延后，且对乙烯的敏感性也较低。除乙烯外尚有一些影响离层发生时间的因子，如多胺（Polyamines）可经由影响乙烯合成间接影响离层的发生。其他的植物荷尔蒙，包括脱落酸（ABA）在某些情况下也具有刺激离层生成的作用。环境中的刺激物，如臭氧与紫外光，甚至季节的变化等也都影响离层的进行。

离层的顶点即为组织器官脱离之处，认为与细胞壁的分解有关。虽然pH值与钙离子浓度的变化会造成细胞壁的软化，但大多数的研究认为细胞壁的软化与分解现象与水解酶活性提高有关，这些水解酶包括β-1，4内切葡聚糖苷酶，葡萄果肉中α-半乳糖苷酶活性随着采收后的时间而增加，且增加程度远较其他糖苷酶高。过氧化（Peroxidase）的活性也伴随着离层生成而增加，扮演将阻碍离层进行的物质IAA氧化，因而促进离层生成。

（3）果房预冷。适当的预冷可防止果梗的干燥与褐变，预防果实软化与脱落。除此之外，预冷另一主要目的可延缓果实质量劣变及预防由微生物所引起的腐败，新鲜采收的葡萄其温度每下降15℉（9.4℃），呼吸速率降为原来的一半（Q10＝2），故保存期增加1倍。当果实温度低于40℉（4.4℃），能有效抑制真菌类的生长。

（4）果房失水。果房失水为葡萄采后的一个严重问题，失水会造成果梗干燥与褐变，甚至造成果实脱落与皱缩，采收时的气候，采收后到进入预冷的时间间隔，冷藏环境等皆会影响果房的失水。

## 4.3　葡萄果实采收后的生理变化

葡萄果实成熟时，其生理的变化包括糖度逐渐增加、酸度逐渐降低、果粉产生、香气溢出与质地逐渐变软等。这些生理变化，于果树上不断地进行，采收后果实生理代谢活性降低，甚至某些过程即刻停止，故采收后并无后熟（Non-ripening）作用。在正常的环境条件下，果实的生理成熟过程是渐进的，直到最佳的质量出现为止，而后再逐渐衰老、败坏。

### 4.3.1　果实呼吸率及乙烯产生率的变化

果实发育阶段初期乙烯产生率会增加而后降低，同时脱落酸（ABA）含量于果实成熟后期开始累积增加，呼吸作用也随着发育进入成熟（Maturation）阶段而逐渐降低。葡萄属于非更年性果实，无明显呼吸高峰、乙烯生成及后熟现象，于5℃下，果实的呼吸率5~10mg $CO_2$/（kg·h），属于低呼吸率型。于20℃温度下，果实的乙烯产生率低于0.1μL $C_2H_4$/（kg·h），属于很低乙烯产生型，且对环境中乙烯含量不敏感。

## 4.3.2　果实糖含量

葡萄果实中主要的糖类以还原糖的葡萄糖与果糖含量较高，而非还原糖的蔗糖较少。果实发育初期以葡萄糖占大部分，成熟期则以果糖含量较高。在成熟过程中，糖度逐渐升高、酸度逐渐降低，直到成熟后期，糖度增加渐趋不明显，但酸度还会继续降低，因而糖酸比继续提高，最受欢迎的风味质量糖酸比约20。葡萄果实中糖度依生产季节不同而略有差异，冬季葡萄糖度因受生育期日照长短，叶片光合作用蓄积养分多寡的影响，不论品种与产地均较夏季为高。巨峰葡萄，冬季糖度平均在17°~19°Brix；夏果糖度除东势镇14.8°Brix较为偏低外，其余在17°~18°Brix。果实中种子数的多寡与重量、果径大小及糖度呈正相关。

## 4.3.3　有机酸含量

葡萄果实中主要有机酸类为酒石酸及苹果酸。两者合占总酸量90%以上。呼吸作用为影响葡萄果实中苹果酸含量变化的关键，硬核期前呼吸作用的基质为糖类，果实成熟期改为以苹果酸为消耗基质，导致苹果酸含量急速下降。

## 4.3.4　维生素C含量

成熟果粒中的维生素含量随糖度上升而蓄积，其中以维生素C含量最高，约5mg/（100gFW）。

### 4.3.5　果实质地

果实质地（Texture）是决定果实质量的重要因子之一，会影响果实的商品价值及贮运期限，影响果实软化的因子有如下几方面。

#### 4.3.5.1　品种遗传特性

果实硬度主要受遗传特性影响，环境因素及栽培管理只能尽可能弥补其不足。不同品种或其杂交后代间的果实硬度及软化速度，皆有相当大差异。不同品种间以欧洲种中的意大利二倍体品种硬度最高，其次是欧美杂交四倍体的巨峰品种，而欧美杂交二倍体的金香及四倍体的玫瑰香较低。

#### 4.3.5.2　环境因子

不同栽培地区及气候条件对果实质地具有明显影响。光照时间及光强度会影响光合产物的生成量及每粒果实的分配量，进而影响果实组织强度及质地。如同一株苹果树上，位于树冠内部遮阴处的果实，其果实硬度通常比树冠外部充分接受日照者硬度低。果实生长发育期间环境温度与生长代谢作用有直接的关系，会使细胞壁结构或组成发生变化，影响质地。通过调查桃的果胶变化与温度的关系显示，桃的果胶会随着温度的降低，增加黏度。夏季采收的葡萄果实其硬度明显较冬季所采收的低，因此温度对果实硬度的影响与果胶的结构有关。

## 4.4　果房失水

贮藏时果实的失水超过5%便会造成果实的枯萎与皱缩。果梗及果实的质量受失水情形而影响。葡萄果房失水的严重情形与贮藏温度有相当大的关系。特别于热带地区，若于田间采收温度下存放数小时，即可导致果房果梗干枯及褐化。一般来说，葡萄果实采收后应立即贮藏于低温高湿、强风冷藏环境，建议以−1～2℃，相对湿度85%～95%的适当环境下存放，以减低因果房失水而导致质量下降，延长果房贮架寿命，以 *V.labrusca* 为例，于此条件下可贮藏2～8星期。

在葡萄的贮藏过程中，果轴、果梗的褐变为葡萄新陈代谢旺盛的部位，也是物质消耗及水分散失的主要部位，所以葡萄贮藏保鲜的关键在于果梗、花梗的衰老。

## 4.5　病原菌感染

造成果实腐烂的病原菌包括灰霉菌（*Botrytis cinerea*）、根霉菌（*Rhizopus stolonifer*）及黑曲菌（*Aspergilus niger*）。前两种病原菌的感染常发生于果实软化的阶段，且果实糖度含量达到10%～12%时；后者只于果实糖度含量高达15%以上才会发生感染，且发生于果实表面。

葡萄果实贮藏运销过程的病菌感染以灰霉菌（*Botrytis cinerea*）为害最严重，为鲜食葡萄最严重的腐烂问题。以加州葡萄为例，于冷藏条件下（−1～0℃），最长可贮放4个月，于贮藏过程中，主要因灰霉病及果梗失水褐化而限制其贮藏寿命。此真菌感染易发生于葡萄园及采收前长时间遇到雨季，主要发生于果梗与果实相接处。果实感染罹病则呈浅褐色，随后软腐，并在果实上产生许多淡褐色霉状物，此即为病原菌分生孢子，将伴随着病果流出的汁液而污染其他果实。几种常见的杀菌剂可用于其他水果中预防采收后的灰霉病，但应用于葡萄果实上却有困难。田间采收后果房立即急速冷藏，仍无法有效抑制灰霉菌感染滋长，较有效的防治方法仍是采用二氧化硫熏蒸（Fumigation）处理。二氧化硫熏蒸可以消灭附着于果粒表面上的病菌，故欧洲及美国于果房包装前使用二氧化硫熏蒸处理，可预防由病菌所引起的葡萄果实腐败。一般葡萄采收后配合二氧化硫熏蒸，其果房贮架寿命2~4周。若贮藏过程再配合气调贮藏（2%~5%$O_2$+1%~3%$CO_2$）可延长果房贮架寿命至1~6个月。

二氧化硫的熏蒸处理已有四五十年的历史，用于包装前的预处理，一般建议施用浓度约0.5%$SO_2$ w/v，于20~25℃下施用15~20min，且应在采收后的12h内进行第一次熏蒸，而若在贮藏过程中每7日再以0.05%~0.2%$SO_2$ w/v，熏蒸30~45min可防止贮藏过程中的病菌感染。此外，也可于包装后添加一种以偏硫酸钠为基质的二氧化硫生成包（$SO_2$-generator pad）于包装内，于贮藏过程中可自然生成二氧化硫，再配合低温贮藏。

然而施用过多的二氧化硫会对葡萄果实表皮造成伤害，如亚硫酸盐残留使果皮色素漂白、失去特有风味等，也会影响人体健康，因此世界各国对于二氧化硫的施用量与残留量均加以限制，欧洲、澳洲及日本对二氧化硫残留量最大限度为10mg/kg。美洲以二氧化硫处理鲜食水果的方式只允许施用于葡萄果实。果实采收后以二氧化硫熏蒸可减缓葡萄酒质量的损失，有些葡萄品系如麝香葡萄（Muscadine grapes），供鲜食使用时其贮架寿命相当短，可用二氧化硫熏蒸处理配合低温贮藏改善此缺点。为了降低二氧化硫的施用量，以柠檬形克勒克酵母（Kloeckera apiculata）及季也蒙假丝酵母（Candida guilliermondii）降低采收后果实的腐烂情形，但于0℃贮藏下，灰霉菌的发生率，于贮藏第4周仍会随贮藏时间增加而增加。

也可以以臭氧（$O_3$）取代二氧化硫的使用，但针对巨峰葡萄仍无法有效控制因灰霉菌感染所造成的损害。亦可以用γ射线照射配合二氧化硫可有效延长葡萄的保藏期。对于无籽葡萄在低温（0℃）贮藏下，以可用氯气的混合类的调气包装，可达到与二氧化硫调气包装相同的效果。

葡萄炭疽病，又名晚腐病，是由半知菌亚门、炭疽菌属胶孢炭疽菌（*Colletotrichum gloeosporioides* Penz）侵染引起的，以果实为主要感染对象，感染后期病果皱缩凹陷，干枯呈木乃伊状。在设定温度环境下，晚腐病是最严重的果实病害之一，产量损失可达40%以上。所产生的病征有梢枯、枝枯、溃疡、果腐、叶斑病等。

# 5 葡萄果实软化生理的研究

　　玫瑰香葡萄果实软化的原因，本研究调查不同葡萄品种在不同生长季节葡萄生育期间的果实发育、无机元素含量、果胶质及细胞壁水解酶的变化发现，果实硬度以欧洲种意大利品种最高，其次是欧美杂交四倍体的巨峰品种，欧美杂交二倍体的金香及四倍体的玫瑰香较低。各品种第1收夏果的果实硬度均较第2收冬果为低。

　　果实中无机元素的含量随果实的发育而减低，比较无机元素含量与果实硬度的关系得知，果实中的氮、钙及镁含量与果实硬度呈正相关，磷、钾、铁、锰、铜及锌则为负相关，其中以钙含量的影响最明显。

　　在果实发育期间果胶质含量会逐渐减低，而果实中水溶性果胶质所占的比例会逐渐增加。调查发育期间果实内的磷酸葡萄糖变位酶（PME）、多聚半乳糖醛酸酶（PG）、纤维素酶（Cx）及β-半乳糖苷酶（β-galactodidase）等酶活性变化发现，随着果实的软化，其多聚半乳糖醛酸酶（PG）、纤维素酶（Cx）及β-半乳糖苷酶（β-galactodidase）的活性明显增加，易于软化的玫瑰香品种此类酶的活性高于巨峰及意大利品种，且第1收夏果各品种的果实细胞壁水解酶活性明显高于第2收冬果。

## 5.1 遗传因子与果实硬度的关系

葡萄果实硬度主要受遗传特性的影响，环境因素或栽培管理只能些许改善果实的质地。同种间的杂交后代或不同品种间，通常在果实硬度、软化速度及肉质的表现上，具有相当的差异。调查不同品种的猕猴桃果实质量和贮藏特性指出，果实硬度表现在不同品种间具有明显差异性。

## 5.2 环境因子与果实硬度的关系

不同栽培地点及气候条件等对果实的质地具有明显的影响。连续两年调查不同地区所生产的葡萄果实品质变化中显示，果实硬度与栽培地点及生产年次有明显关系。光照时间与强度会影响光合产物的生成量及每个果实的分配量，进而影响果实组织强度及质地。在同一株葡萄树上位于树冠内部遮阴处的果实，通常比在树冠外部充分接受日照的果实硬度为低。以不同程度遮光处理葡萄树后调查果实质量亦发现，经遮光处理后的果实硬度比无处理者（正常光照）为低。因此在果实发育期间使果实接受适量光照可改善果实质地，但是如光强度过高时则会使果实表面温度增加，致使果实受到伤害和失去硬度。

在果实生长发育期间的栽培环境温度与生长代谢作用有直接关系，会使细胞壁结构或组成产生变化，影响到果实的质地。于葡萄、草莓、蓝莓及桃等的研究结果发现，在环境温度较低条件下成熟的果实，通常其果实组织较为紧密，果实硬度比在较高温度下成熟者为高，此种果实硬度的差异可能与果实内果胶质组成的变化有关。调查葡萄果胶质变化与温度的关系中显示，葡萄果胶质溶液随温度的降低，而黏度会增加。因此温度对果实硬度的影响可能与果胶质的结合作用有关。

## 5.3 栽培管理与果实硬度的关系

疏果可使每一果实的养分分配量增加，影响果实内的组成含量。调查果实内组成变化与果实硬度的关系发现，果实干物重和果实硬度呈正相关。如果在花后5～15日进行疏果，可促使光合产物在果实发育初期大量运移至果实内，因而增加果实的硬度。

果实大小通常与果实硬度呈负相关。在草莓和蓝莓的研究中发现，小型果比大型果的果实硬度为高。果实大小是由果实中的细胞数目和细胞大小来决定的，大型果通常具有较大的细胞，但单位体积的细胞数目比小型果为少，因此其组织结构较为松散，果实易于软化。

砧木种类亦会影响果实的质地表现。嫁接于M9砧木上的橘苹苹果（Coxs Orange Pippin）比嫁接于M106砧木上者成熟期早且果实硬度较低。砧木种类对苹果果实品质的影响中显示，砧木种类与果实大小、成熟期及果实钙的含量有明显关系，而果实大小则会影响果肉硬度及钙含量的多寡。因此砧木种类对果实硬度的影响，可能包括成熟期、无机元素含量、产量及果实大小等因素。

培肥及土壤管理方法亦会影响果实的硬度。不同氮肥处理与土壤管理方法与苹果果实硬度的关系显示，苹果果实硬度随氮肥施用量的增加而降低，尤其是在高氮肥条件下，配合灌溉及除草等管理的处理区其果实更易于软化，且贮藏期缩短。

## 5.4　无机元素含量与果实硬度的关系

　　无机元素与果实生长发育关系密切，且影响果实品质，其中以氮、磷、钾及钙等元素对果实硬度有明显的关系。例如苹果果实中氮含量较高者，果实硬度较低。软化的苹果果实比未软化者其果肉细胞较大，但是细胞数目则较少。软化的橘苹苹果（Coxs Orange Pippin）果实中酒精不溶性固形物含量亦比未软化者为低。

　　苹果果实的磷含量与果肉强度具有明显关系，研究果实无机元素含量和果实质量的关系发现，果实的磷含量与果实硬度有直接的关系，如苹果果实随磷含量降低则果实软化程度增加，特别是果实钙含量低者更为显著。

　　葡萄果实中钾含量增加可提高果实硬度和果肉密度，降低果实贮藏期间的软化率，维持良好的肉质结构。但是如钾肥的施用量过多，则会抑制果树对钙的吸收，导致果实发生生理障碍，失去商品价值。

　　钙离子被认为可以稳定中胶层及细胞壁结构及其完整性，主要是因钙离子分布于长链的果胶分子间，并同时与邻近的长链分子相结合，使果胶分子较为稳定而不易水解。在许多报告中亦指出果实中钙含量与果实硬度呈显著相关。由于钙离子主要是靠蒸散流的带动由木质部输送至植物各部器官。一般认为钙在果实发育早期进入果实（细胞壁形成或细胞分裂阶段），此时果实表皮蜡质尚未形成，本身仍具有很高的蒸散能力，随着果实发育表皮蜡质形成蒸散能力减低，使得发育后期钙的吸收量减少，而造成浓度的下降。

　　果实中钙的形态一般可分为溶解性及结合性，在果实发育初期以结合性形态较高，随着果实发育近成熟时则逐渐减少，相反地溶解性钙则增加。在番茄果实成熟过程中钙离子促使叶片中合成的果胶物质向果实中运输，且钙离子能与细胞壁中的果胶酸结合形成果胶酸钙盐，因此果实中含有较高的结合性钙，可形成较稳定的细胞壁结构，而增加果实硬度。

如葡萄果实发育期间喷施钙溶液对果实质量的影响发现，喷施钙溶液可使果实中钙含量增加，提高果实的硬度，延长其贮藏寿命。将采收后的苹果利用钙溶液处理，亦可增加果实中钙的含量，保持贮藏中的果实硬度。

## 5.5 细胞壁组分与果实软化的关系

### 5.5.1 果胶物质

果胶物质遍存于植物的细胞壁及其间隙，具有维持细胞间安定的功能。从结构上而言，果胶物质是由半乳糖醛酸（Galacturonic acid）以α（1→4）的糖键方式连接而成。一般果胶物质可分为不溶性的原果胶（Protopectin）、可溶性果胶（Soublepectin）及果胶酸（Pecticacid）3种，彼此间是相互转换的物质，在果实的发育和成熟过程中起重要的作用。

在果实发育初期以原果胶及果胶酸盐为主，随着果实成熟原果胶变为可溶性果胶，果胶酸盐消失，导致细胞壁的一部分分解，细胞间结合力减少，果实变软。以胶体过滤（Gel filtration）方法分析西红柿后熟过程的果胶分子量变化发现，其分子量会减低，显示半乳糖醛酸的骨架已被降解。

## 5.5.2　半纤维素

植物的细胞壁内主要的半纤维素为木葡聚糖（Xyloglucan）是由一直链β（1→4）葡萄糖残基链（Glucosylchain）在$C_6$位置上连接一个木糖（Xylose）或含木糖、半乳糖（Galactose）及岩藻糖（Fucose）的侧链，侧链分布有一定的规律，即连续3个带有木糖的葡萄糖残基被一个不带侧链的葡萄糖残基隔开着。

同理，在番茄、草莓及洋香瓜果实的后熟过程中半纤维素量只有很少的改变，但其聚合物的分子大小会产生变化。将番茄果实中的半纤维素分为HFⅠ及HFⅡ两种，只有HFⅡ于果实后熟时其小分子多糖聚合物的量会增加。分析其键结合发现$C_4$-及$C_{4,6}$-结合的甘露糖残基（Mannosyl residue）及$C_4$-键结合的葡萄糖残基量增加，而$C_5$-键结合的阿拉伯糖残基（Arabinosyl residue）则减少。因此在半纤维素分子量的改变时，可能亦有某种富含甘露糖（Mannosyl）及葡萄糖残基（Glucosylresidue）的聚合物的合成。

## 5.5.3　纤维素

纤维素为直链的β（1→4）连接的葡聚糖（Glucan），纤维分子以微细纤维丝（Microfibrils）的结构形式存在于细胞壁内。微细纤维丝是借助大量的键间氢键与纤维长链结合而成的聚合物，至少含36个葡聚糖链。具有高度稳定性和抗化学降解作用（Degradetion），不易被细胞壁内的水解酶降解，因此其对保护细胞结构与功能，构成植物的骨架，具有很大的功能。

在后熟果实的软化时，也许会与纤维素的结构发生改变有关，但尚未发现此种现象。用电子显微镜观察后熟酪梨果实的细胞壁发现，在软化时细胞壁的纤维网状构造会产生解离现象

（Dissolution）。于活体外（invitro）条件下利用纤维素酶来处理果实组织亦可得到同样的结果。此种结果被认为是因纤维素的作用所引起，但是在梨的果实后熟软化时其纤维素含量并无多大改变，而在后熟的番茄果实中其纤维素含量则略有增加。

### 5.5.4　其他细胞壁组分

于果实后熟时细胞壁上的其他聚合物亦会产生改变。在许多果实细胞壁上的组成特别是半乳糖及阿拉伯糖的含量变化很大。在番茄的试验指出，伴随果实的成熟其细胞壁的半乳糖约减少40%，阿拉伯糖亦有减少的倾向，而木糖、甘露糖和葡萄糖则呈现增加。

## 5.6　细胞壁水解酶与果实软化的关系

在果实成熟期间果肉组织产生软化的现象，一般认为是由于细胞壁的组分受水解酶的降解作用，产生小分子聚合物所引起。涉及果实成熟期间细胞壁降解的酶，一般认为主要为果胶甲酯酶（Pectinmethylesterase，PME）、多聚半乳糖醛酸酶（Polygalacturonase，PG）及纤维素酶（Cx-cellulase）.

### 5.6.1　果胶甲酯酶

果胶甲酯酶（PME）是将果胶分子上的甲基酯予以去酯化或去甲氧基化而形成果胶酸（Pecticacid），使聚半乳糖醛酸酶（PG）易于将果胶降解。在果实后熟时最初是因PME作用，而使细胞壁易受PG作用发生降解。

PME在后熟中的果实是一种普遍的酶，在果实成熟过程中会随果实成熟而增加其活性或逐渐下降。

### 5.6.2 聚半乳糖醛酸酶

PG作用在水解聚半乳糖醛酸两个相邻半乳糖醛酸分子间的 $\alpha$（1→4）键。分为由内部开始分解的内切（endo）型及由非还原性末端开始分解的外切（exo）型两种。endo-PG主要的功能在使多糖醛酸苷（Polyuronide）巨大聚合分子随机断裂成小单位寡糖，使其溶解度增加；而exo-PG则是进一步将这些小单位寡糖分解成游离的半乳糖醛酸。

同理于许多果实如离核种桃、梨及木瓜同时含有endo型及exo型PG酶，但在某些果实特别是苹果，其果实只含有exo-PG酶。

离核种（Freestone）及黏核种（Clingstone）两种桃子于成熟过程中，果实硬度变化差异明显，且前者的可溶性果胶含量明显比后者为高，分析其果实内PG活性变化，发现离核种桃兼含endo型及exo型的PG，而在黏核桃中则只含有exo型PG，故其认为exo-PG对多糖醛酸苷溶解度影响较小。在其他种类的果实亦可发现果实软化时endo-PG活性有增加的趋势。含endo-PG活性高的番茄品种，其果实易于软化，而在番茄的突变种"rin"因其PG不具活性，故其果实不会产生软化现象。因此，后熟时果实的软化被认为是由于endo型PG酶作用，使果胶物质产生溶化引起。

### 5.6.3 纤维素酶

纤维素酶（Cellulase）的作用为分解纤维素上的$\beta$-1，4-D-葡萄糖的键。在成熟的果实中亦经常可发现有纤维素酶的存在。成熟果实中纤维素酶活性比未熟果增加2~3倍。果实软化与纤维素酶活性具有相当密切的关系。因此葡萄纤维素酶是在不同组织中作用于不同的多糖醛基质，其可能为$\beta$（1→4）键结合的半纤维素多糖类。

## 5.7　葡萄果实硬度与无机营养元素含量的关系

　　葡萄属葡萄科（Vitaceae），葡萄属（vitis）植物，其栽培品种甚多，大致可归类为欧洲种（Vitis vinifera）、美洲种（Vitis labrusca）及欧美杂交种（Vitis vinifera × V.labrusca）三大类。如栽培品种以欧美杂交种为主，依用途可分为酿酒原料品种及鲜食用品种两大类。酿酒原料品种有以酿制白酒的金香葡萄及酿制红酒的黑后葡萄，此两品种只供酿酒原料，未供应鲜销市场。而鲜食葡萄品种以巨峰葡萄的栽培面积最大，占鲜食葡萄消费市场的绝大部分，其次为玫瑰香及意大利葡萄，而其他品种则不多。

　　在栽植的鲜食葡萄品种中，巨峰葡萄属欧美杂交的四倍体品种，果皮呈紫黑色，具有果粒大、可溶性固形物高及可滴定酸度低的特性；意大利葡萄则属欧洲品系葡萄，果皮呈黄白色，具果穗大、果皮薄而不易与果肉分离及果实硬度高的特性。由于栽培品种过于单纯，产期集中，市场易饱和滞销，且近年来消费日趋多样性及高级化，为迎合此种消费者需求，试验中在早期引进的葡萄品系中选出适于栽植的玫瑰香葡萄，于试验区葡萄产地进行试种，因其果色鲜红，果粒大且质量高，逐渐受到消费者的喜爱。

　　玫瑰香葡萄属于欧美杂交的四倍体品种，为黑潮及四倍体金香的杂交后代。此品种属于早熟性鲜食用品种，其树势强健，枝条易于徒长。果实形状为圆形，果粒大、果色鲜红、可溶性固形物高、可滴定酸度低且具有特殊香气，但果肉质地较易崩解，果实成熟时易发生软化现象。在试种期间发现在果实软化情形以夏果较为严重，除影响鲜食品质外，在包装及贮运过程易因挤压而使果实破裂，因而影响该品种的推广。

无机元素与果实生长发育关系密切，且影响果实品质，其中以氮、磷、钾及钙等元素对果实硬度有明显的关系。

调查橘苹苹果（Coxs Orange Pippin）果实无机元素含量和果实质量的关系发现，果实的磷含量与果实硬度有直接的关系。果实随磷含量降低则果实软化程度增加，特别是在果实钙含量低者更为显著。果实中钾含量增加可提高果实硬度和果肉密度，降低果实贮藏期间的软化率，维持良好的肉质结构。但是如钾肥的施用量过多，则会抑制果树对钙的吸收，导致果实发生生理障害，失去商品价值。

钙离子被认为可以稳定中胶层及细胞壁结构及其完整性，主要是因钙离子分布于长链的果胶分子间，并同时与邻近的长链分子相结合，使果胶分子较为稳定而不易水解。在许多报告中亦指出果实中钙含量与果实硬度呈显著相关。由于钙离子主要是靠蒸散流的带动由木质部输送至植物各部器官。一般认为钙在果实发育早期进入果实（细胞壁形成或细胞分裂阶段），此时果实表皮蜡质尚未形成，本身仍具有很高的蒸散能力，随着果实发育表皮蜡质形成蒸散能力减低，使得发育后期钙的吸收量减少，而造成浓度的下降。

鲜食葡萄的巨峰及意大利葡萄等品种，一般农民对其栽培特性较为了解，然而玫瑰香葡萄的栽培时日尚短，对此品种的栽培管理特性及果实发育生理特性的研究甚少，因此有必要了解玫瑰香葡萄果实在生育期间的各种形质及无机元素含量的变化，以建立果实生长发育的基本资料，提供农民栽培上的参考。

## 5.7.1　试验材料

以栽培7年生玫瑰香（*Vitis vinifera* L. × *Vitis labruscana*

Bailey cv. *Honey Red*）、11年生的巨峰（*Vitis vinifera* L. × *Vitis labruscana* Bailey cv. *Kyoho*）、11年生的意大利（*Vitis vinifera* L. cv. *Italia Ip65*）及11年生的金香（*Vitis vinifera* L. × *Vitis labrusca* L. cv. *Golden Muscat*）等葡萄品种为试验材料。

试验植株为生育良好水平棚架X型整枝的植株，土壤为沙质壤土。第1收夏果各品种的催芽日期，玫瑰香葡萄为2月9日、巨峰葡萄为2月10日、意大利葡萄为3月1日及金香葡萄为3月2日。玫瑰香葡萄的满花期为3月6日、巨峰葡萄为3月6日、意大利葡萄为3月29日及金香葡萄为3月28日；第2收冬果的催芽日期为玫瑰香葡萄为8月13日、巨峰葡萄为8月5日及金香葡萄为8月25日。玫瑰香葡萄的满花期为8月31日、巨峰葡萄为8月26日及金香葡萄为9月16日。试验期间田间管理工作依一般惯行方式进行。

## 5.7.2 试验方法

### 5.7.2.1 试验期间气象资料

资料的收集2017年葡萄发育期间的气象资料，系由试验地区农业气象站所提供的气象资料。第1收夏果的记录为2—7月，而第2收冬果则为8—12月。

### 5.7.2.2 果实发育期间形质变化

调查为比较2个不同生长季节葡萄果实生育间的差异，2017年3月及8月，于试验园中选取经修剪后萌芽生长程度相近的枝条，加以标示。每一结果枝保留第一花穗外，其余花穗予以剪除，在开花后，每隔1~2周采取果穗，每次采取5穗，携回实验室进行下列各项测定。选取每果穗中段的果粒10粒共计50粒，分别以电子显示游标尺量取果长及果宽后，逐果称重。部分果实以液态氮急速冷冻后，进行冷冻干燥，待完全干燥脱水后称重，并换算其果实的水分含量。

果实硬度是将果粒置于万能物性分析仪（Fudou Rheometer NRM 2010-J-CW）上以30mm圆盘状针头，6cm/min的速度，测定压缩2mm距离所需的力量。

果实的可溶性固形物及可滴定酸度测定，先将果实以果汁机均质过滤后，以Atago糖度计测定其可溶性固形物含量，以°Brix表示；可滴定酸度则取5mL果汁加入45mL去离子水，以0.1N NaOH滴定至pH值8.1再换算成酒石酸含量。

### 5.7.2.3 果实无机成分的分析

花后3周起取部分果粒，将果肉经液态氮急速冷冻，装于塑料袋内，进行冷冻干燥，待完全干燥脱水后，取出以研钵研磨成粉末，置入封口袋内密封，于-20℃冷冻库贮存供分析用。

氮的分析采Micro-Kjeldahl法，称取约0.2g果肉粉末，包于滤纸内投入分解瓶中，加入1g催化剂（$K_2SO_4$：$CuSO_4$：Se=100：10：1，*w/w*）及5mL浓硫酸，置于分解炉（约430℃）上分解至呈澄清蓝绿色，取出冷却，定量至50mL。吸取分解液5mL放入Micro-Kjeldahl装置中，加入10mL 40%（*w/v*）NaOH，进行蒸馏。另以装有2%（*w/v*）$H_3BO_3$的烧杯接收蒸馏出来的氨水，待接收杯内溶液体积达50mL时移出，以0.01N $H_2SO_4$滴定，计算氮的百分比。

另称取约0.5g果肉粉末，均匀放置于坩埚中，置于灰化炉中进行灰化，待样本完全灰化后取出，加入5mL 2N HCl将灰分溶解，以滤纸（Whatman 42号）过滤，滤液定量至25mL，装于50mL的PE瓶内保存。

此滤液可直接以原子光谱吸收仪（GBC932AA）测定铁、锰、铜及锌4种元素；钾及镁的测定为取0.1mL滤液加4.9mL去离子水稀释50倍；钙的测定则取0.1mL滤液加3.9mL去离子水及1mL（$w/v$）5%氧化镧稀释50倍，以原子光谱吸收仪（GBC932AA）测定。

磷的测定采用钼黄法（Vanadate molybdate yellow method），取1mL滤液加3mL去离子水及1mL钼黄试剂（1L试剂中含22.5g（NH$_4$）$_5$Mo$_7$O$_2$·4H$_2$O，1.25gNH$_4$NO$_3$，及250mL浓HNO$_3$），混合均匀后，静置30min，以Uvikon922分光光度计测定470nm的吸光值。

### 5.7.3　结果

#### 5.7.3.1　试验期间温度的变化

试验期间的温度记录如图5-1所示，在第1收夏果葡萄的生育期间，随着果实发育其温度逐渐增加，于4月中旬之后，其平均温度在20℃以上，而至5月中旬则平均温度上升至25℃以上，其最高温度大多超过30℃，至果实发育后期其平均温度均在25℃以上，尤其在6月时，有时平均温度接近30℃的高温，2—7月的最高及最低温度约相差10℃，葡萄果实成熟期的温度在20～30℃。

第2收冬果葡萄的生育期间，其气温则随果实的发育而逐渐下降，在9月至10月中旬，其平均温度亦在25℃以上，但在11月中旬之后其平均温度则低于20℃，至果实发育后期平均温度都在20℃以下，其最高与最低温度的差距亦在10℃左右，葡萄果实成熟期的温度在16～20℃。

### 5.7.3.2 葡萄果实生长发育的调查

各品种葡萄果实纵径的变化如图5-2所示，在第1收夏果的生育期间，于开花后各品种的果实纵径皆呈快速增加，而后增加速度减缓，至成熟末期则呈停顿状态。四倍体的巨峰及玫瑰香葡萄其变化趋势相似，二倍体的金香品种，则在花后69日起其纵径无明显增加，但同属二倍体的意大利葡萄则在调查期间呈持续生长的趋势。

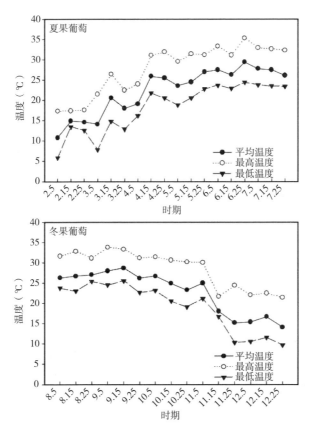

图5-1 葡萄果实生育期间的温度变化

第2收冬果葡萄果实纵径的变化与第1收夏果相似，初期亦呈快速增加之后缓慢生长，于成熟期则无明显变化。玫瑰香葡萄持续生长至花后85日为止，而后无明显增加；巨峰葡萄则于花后76日起其纵径的增加减缓，但金香葡萄在整个调查期间，则呈持续增加状态。

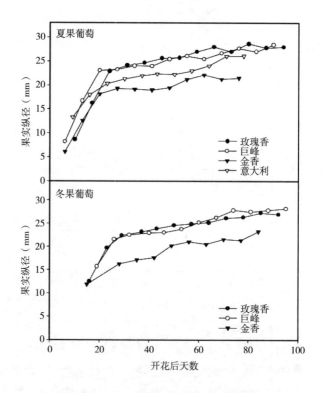

图5-2 不同葡萄品种果实纵径的变化

各品种葡萄果实的横径变化如图5-3所示，第1收夏果果实横径的变化与果实纵径的变化相似，而第2收冬果的巨峰及玫瑰香葡萄的横径变化相似，玫瑰香葡萄在花后29～43日呈现停顿状态，之后则再度增加；巨峰葡萄在花后32～46日，生长趋缓，花后53日起则横径逐渐增加；金香葡萄果实横径则在调查期间，持续增加。

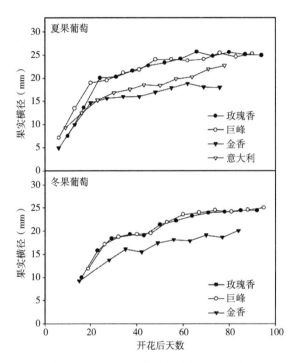

图5-3　不同葡萄品种果实横径的变化

品种间果实鲜重的变化情形如图5-4所示，在第1收夏果的调查期间，玫瑰香和巨峰葡萄的鲜重变化情形相似。玫瑰香葡萄在开花后至花后24日鲜重增加极为迅速，之后增速趋缓，至花后87日起则无明显增加；巨峰葡萄则在开花后至花后27日之间急速增加，花后34～41日增加缓慢，之后再度持续增加，至花后76日起增速趋缓；金香葡萄则在花后起鲜重持续增加，花后41～48日急速增加之后，增速减缓至成熟为止；意大利葡萄则在花后43～50

日呈停顿状态，之后持续增加。而第2收冬果的调查，玫瑰香和巨峰葡萄的鲜重变化亦相同，玫瑰香葡萄在花后29～43日，巨峰在花后26～42日，增速略缓之后则再呈现持续增加，至成熟期再转趋缓慢，而金香葡萄则在整个生育期间呈现持续增加的趋势。

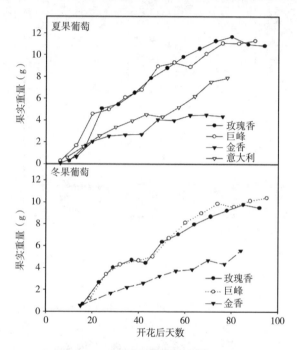

图5-4　不同葡萄品种果实重量的变化

### 5.7.3.3　果实水分含量、硬度、可溶性固形物及可滴定酸度的变化

　　品种间果实水分含量的变化如图5-5所示，第1收夏果的生育期间，不同品种葡萄果实的水分含量，在调查的初期时最高而后则大都呈下降趋势，玫瑰香及巨峰葡萄的果实水分含量变化相似，在调查初期果实内水分含量为91%左右而后随果实生长而水分含量逐渐减少，玫瑰香葡萄在花后66日以后，至成熟为止维持

在80%左右，而巨峰葡萄则在花后62日后至成熟期为止亦维持在80%上下。金香葡萄及意大利葡萄的果实水分含量在发育初期约在91%，随果实发育，其水分含量亦逐渐下降，但其在成熟期时果实水分含量，金香葡萄约在82%，意大利葡萄约在84%，此两品种果实水分含量在成熟期时略高于玫瑰香及巨峰葡萄。

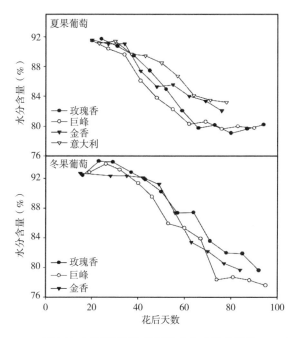

图5-5　不同葡萄品种果实水分含量的变化

第2收冬果不同品种果实水分含量的变化趋势与第1收夏果相似，在发育初期3品种果实水分含量在92%～93%，而后随发育速率逐渐减少，在成熟期时金香果实水分含量约为80%，玫瑰香约80%，而巨峰则减少至77%左右。

不同品种果实硬度变化如图5-6所示，第1收夏果不同品种间果实硬度变化趋势大致相似，在果实发育初期维持在1 900g的硬度，而后硬度减少，至成熟期则转趋平稳。金香葡萄在发育初期果实硬度为1 800～1 900g，在花后55日迅速下降至575g，而至花后76日时则硬度已下降至189g左右。玫瑰香葡萄至花后38日为止硬度维持在1 200g以上，花后45日则迅速下降至482g，之后逐渐减少，到成熟期则果实硬度只剩下260g左右。巨峰葡萄至花后41日为止硬度维持在1 900g左右，花后48日则迅速减少至600g，至成熟期果实硬度约为300g。意大利品种果实硬度至花后50日止尚维持在1 700g以上，花后57日则下降至560g，成熟时其硬度尚在320g左右。

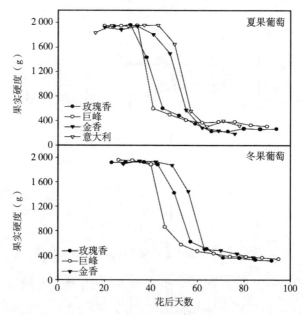

图5-6　不同葡萄品种果实硬度的变化

　　第2收冬果品种间果实硬度变化趋势与第1收夏果相似，但品种间果实硬度下降趋势较第1收平缓，且在成熟期时果实硬度皆比第1收高出40～60g。

不同品种果实可溶性固形物的变化如图5-7所示，在第1收夏果的各品种葡萄于果实发育初期可溶性固形物增加缓慢，之后快速累积，至成熟期，则转平稳，玫瑰香及巨峰葡萄在花后至花后34～38日，可溶性固形物增加缓慢，花后41～45日起，可溶性固形物急速增加，至花后80日左右转趋平缓，其可溶性固形物皆可达18°Brix以上。而金香及意大利葡萄的可溶性固形物变化曲线相似，在花后70日左右，达15°Brix后变化趋于平缓。

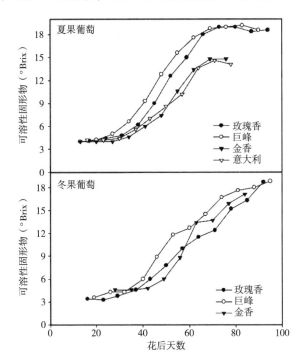

**图5-7 不同葡萄品种果实可溶性固形物的变化**

第2收冬果各品种可溶性固形物变化趋势，皆呈持续增加，巨峰葡萄在花后85日左右可达18°Brix，而玫瑰香葡萄略缓约在花后88日方可达18°Brix；而金香葡萄则在花后84日时可溶性固形物为17°Brix左右。

　　不同品种葡萄果实的可滴定酸度变化如图5-8所示。第1收夏果葡萄果实可滴定酸度，在发育初期逐渐增加，之后迅速下降。金香及意大利葡萄在调查初期果实可滴定酸度为2.8%左右，至花后41日时，其可滴定酸度达最高点为3.95%，之后逐渐减少，至采收时，可滴定酸度尚维持在0.9%～1.0%。玫瑰香及巨峰葡萄在发育初期果实可滴定酸度在2.8%～2.9%，玫瑰香葡萄在花后38日可滴定酸度达最高点为3.9%，巨峰葡萄则在花后34日达最高的3.4%，之后两品种可滴定酸度开始减少，到成熟期时，果实可滴定酸度皆降至0.5%左右。

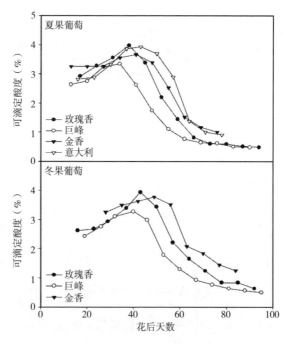

图5-8　不同葡萄品种果实可滴定酸度的变化

第2收冬果葡萄果实可滴定酸度的变化趋势与第1收夏果相似，亦呈发育初期逐渐增加，金香葡萄在花后49日，玫瑰香葡萄在花后43日，巨峰葡萄在花后40日左右达最高点，之后可滴定酸度逐渐减少，至成熟时，金香葡萄果实可滴定酸度约为1.2%，玫瑰香葡萄约为0.6%，而巨峰葡萄约为0.5%。各品种的果实可滴定酸度皆较第1收夏果为高。

### 5.7.3.4　果实无机养分浓度的变化

本试验调查不同葡萄品种果实中5种大量元素及4种微量元素在生长发育期间的变化。果实中氮含量的变化如图5-9所示，第1收夏果葡萄果实的氮含量，各品种皆在调查初期含量最高，随果实的发育而浓度逐渐下降，金香葡萄在花后20日浓度明显高于其他品种约为1.89%，之后浓度逐渐下降，至花后55日时浓度减少到0.4%，而后浓度有略为增加趋势，至采收时浓度约为0.48%；意大利葡萄的变化趋势与金香葡萄略为相似，果实发育初期浓度较高，之后浓度逐渐降低，至生长末期略有增加现象，但在整个生育期间内浓度变化量较少，在1.28%～0.62%。

巨峰葡萄与玫瑰香葡萄的氮含量变化趋势较为相似，在发育初其氮含量较高在1.22%～1.3%，随果实发育浓度渐为减少，至采收时果实的氮含量在0.58%～0.6%。

第2收冬果果实含氮含量的变化趋势大致与第1收夏果略为相似，在果实发育初期氮含量为1.7%～1.77%，之后呈现下降趋势，金香葡萄在花后70日时氮含量下降至0.38%，至采收时略为增加至0.46%。玫瑰香葡萄与巨峰葡萄由发育初期起至花后80日为止其含量与变化趋势大致相似，之后玫瑰香葡萄的氮浓度维持一定状态，而巨峰葡萄氮浓度则略为下降，采收时玫瑰香葡萄的氮含量为0.6%，巨峰葡萄则为0.5%。

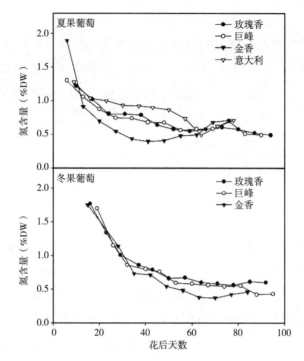

**图5-9　不同葡萄品种果实中氮含量的变化**

　　不同品种果实中磷含量的变化所示（图5-10），第1收夏果各品种果实磷含量的变化趋势大致相似，在生育初期浓度较高，随发育日数增加而浓度逐渐降低。其中以意大利葡萄的磷含量最高，浓度变化在0.85%～0.46%。其余3个品种在发育初期为0.4%～0.46%，而在采收时以金香葡萄含量最低，为0.21%。而玫瑰香葡萄与巨峰葡萄的磷含量在0.28%～0.29%。

　　第2收冬果葡萄果实生育期间磷含量的变化趋势与第1收夏果的变化趋势相似，在果实发育初期以金香葡萄含量最高为0.86%，玫瑰香葡萄与巨峰葡萄为0.6%～0.7%，之后随果实发育逐渐降低，采收时金香葡萄的磷含量最高为0.29%，玫瑰香葡萄与巨峰葡萄则在0.24% ~ 0.26%。

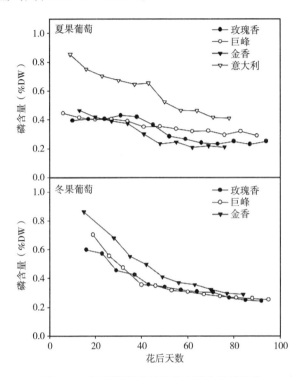

图5-10 不同葡萄品种果实中磷含量的变化

不同品种果实中钾含量的变化如图5-11所示。第1收夏果各品种果实钾含量的变化趋势大致相似，在生育初期浓度较高，随发育日数增加而浓度逐渐降低。意大利葡萄的钾含量最高，浓度变化在1.65% ~ 1.22%。金香葡萄在花后20日的钾含量为1.51%，之后浓度呈直线下降趋势，至采收期时钾含量最低，约为0.41%。玫瑰香葡萄与巨峰葡萄的变化趋势略为相似，玫瑰香葡萄的浓度变化为1.22% ~ 0.64%，巨峰葡萄为1.34% ~ 0.83%。

第2收冬果生育期间3品种葡萄果实钾含量的变化趋势略为相

似。金香葡萄与玫瑰香葡萄的钾含量在初期为1.64%~1.65%，至采收时为0.9%~0.93%。巨峰葡萄果实的钾含量略低于玫瑰香葡萄和金香葡萄，其浓度变化为1.46%~0.72%。

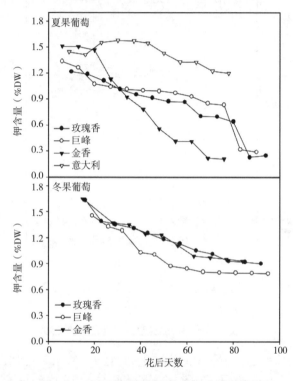

图5-11　不同葡萄品种果实中钾含量的变化

不同品种果实中钙含量的变化如图5-12所示。第1收夏果各品种葡萄果实的钙含量在发育初期含量以意大利葡萄最高为0.55%，金香、玫瑰香及巨峰葡萄果实的钙含量在0.38%~0.4%，随着果实发育钙含量逐渐降低，至采收期以金香葡萄及意大利葡萄含量最高为0.09%~0.1%，巨峰葡萄与玫瑰香葡萄为0.05%。

第2收冬果葡萄果实钙含量的变化趋势与夏季第1收相似，但在发育初期果实中钙的含量比第1收夏果高，金香、玫瑰香及巨峰葡萄的钙含量为0.88%～0.9%，之后如同第1收夏果的趋势，浓度逐渐下降，采收时玫瑰香葡萄及巨峰葡萄为0.06%，而金香葡萄含量较低，为0.03%。

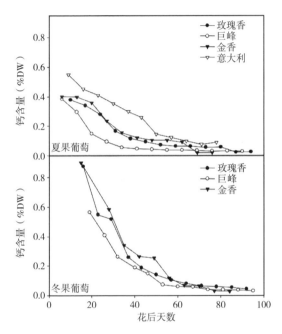

**图5-12 不同葡萄品种果实中钙含量的变化**

不同品种果实中镁含量的变化如图5-13所示。第1收夏果及第2收冬果的葡萄果实生育期镁含量的变化趋势大致相似，在第1收夏果果实发育初期，4个品种的镁含量在0.063%～0.067%，金香、玫瑰香及巨峰葡萄随果实发育程度镁含量增加逐渐减少，而意大利葡萄在花后16～37日镁含量急速降低，花后50日起镁含量的变化量很少，至采收时各品种果实的镁含量以巨峰较高为0.029%，其次为金香及意大利葡萄（0.026%），玫瑰香葡萄含量最低为0.023%。

第2收冬果葡萄果实发育初期以金香葡萄含量最高为0.11%，巨峰葡萄次之（0.086%），玫瑰香葡萄最低为0.078%，之后随着果实的发育呈缓慢减少的趋势，至采收期时以玫瑰香葡萄含量0.030%为最高，其次为金香葡萄的0.027%，巨峰葡萄最低为0.024%。

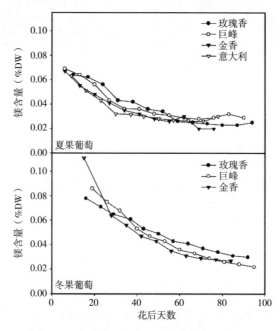

图5-13　不同葡萄品种果实中镁含量的变化

各品种葡萄果实的铁含量变化如图5-14所示。第1收夏果果实生育期间，各品种葡萄的浓度变化趋势大致相似，于果实发育初期果实中铁的含量较高，为263～330mg/L，至花后38～45日果实中铁浓度急速减少，之后减少速度趋缓，至采收时以巨峰葡萄含量最高为21mg/L，意大利葡萄次之（19.3mg/L），金香葡萄及玫瑰香葡萄含18.8～18.9mg/L。第2收冬果的葡萄，金香葡萄生育期间果实中铁含量的变化趋势与第1收夏果相似，在花后15日时含152.4mg/L，而后浓度急速减少，至采收期含15.7mg/L。玫瑰香葡萄与巨峰葡萄，在发育初期含45.4～48mg/L，之后随果实发育浓度逐渐减少，至采收期含量为10.7～11.7mg/L。

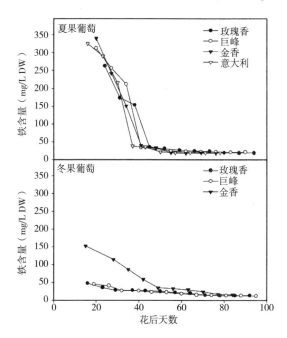

图5-14　不同葡萄品种果实中铁含量的变化

各品种葡萄果实的锰含量变化如图5-15所示。第1收夏果生育期间，各品种葡萄果实的锰含量，皆随果实发育日数增加，而含量逐渐减少。在果实发育初期果实锰含量为9.5～11mg/L，至采收时以意大利葡萄及巨峰葡萄的锰含量较高，为2.61～2.63mg/L，金香葡萄及玫瑰香葡萄的锰含量为1.89～1.91mg/L。在第2收冬果时，果实发育初期以金香葡萄的锰含量最高为20mg/L，之后含量急速减少，花后49日起减少速度趋缓，采收时果实锰含量为

1.9mg/L。玫瑰香葡萄及巨峰葡萄的锰含量变化趋势相似，在果实发育初期含7.9～8.5mg/L，而后随果实发育日数增加浓度逐渐减少，至采收时玫瑰香葡萄为1.8mg/L，巨峰葡萄为1.1mg/L。

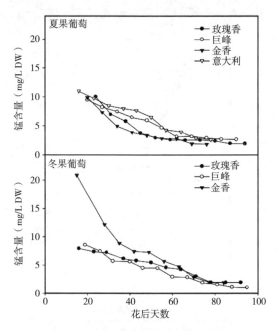

图5-15　不同葡萄品种果实中锰含量的变化

各品种葡萄果实的铜含量变化如图5-16所示。第1收夏果生育期间，各品种葡萄皆随果实的发育而呈含量减少的趋势。在果实发育初期以巨峰葡萄含量最高，为11.7mg/L，玫瑰香葡萄次之（10.8mg/L），意大利葡萄及金香葡萄为9.8～9.9mg/L。至采收时以金香葡萄的含量最高，约为4mg/L，巨峰葡萄次之（2.6mg/L），玫瑰香葡萄及意大利葡萄只含有1.6～1.8mg/L。第2收冬果时，在整个生育期间果实铜含量的变化趋势与第1收夏果相似。金香葡萄在花后15日时约含12.2mg/L，之后迅速减少，花后35日起减速趋缓，采收时约含2.4mg/L。巨峰葡萄在发育初期约含8.6mg/L，随果实发育缓慢减少，至采收时约含1.1mg/L。而玫瑰香葡萄在整个生育期间内铜浓度的变化量不大，在5.6～1.8mg/L。

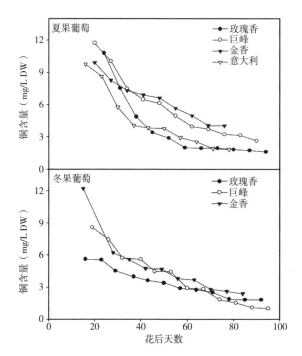

**图5-16　不同葡萄品种果实中铜含量的变化**

各品种葡萄果实锌含量的变化如图5-17所示。第1收夏果的生育期间，各品种葡萄果实锌含量皆呈直线下降趋势。在果实发育初期以金香葡萄含量最高，约为18.2mg/L，玫瑰香葡萄次之（15.5mg/L），巨峰葡萄及意大利葡萄分别为11.7mg/L及9.8mg/L。至采收时各品葡萄的含量差异不大，在2.7～2.9mg/L。第2收冬果时，在果实发育初期金香葡萄的含量最高度（17.4mg/L），之后浓度急速减少，花后56日起渐趋缓慢，采收时约含2.4mg/L。巨峰葡萄在花后19日时锌含量约为12.8mg/L，之后急速减少，在花后32日起转趋缓慢，采收时约含1.7mg/L。玫瑰香葡萄在发育初期约含9.5mg/L，而后浓度缓慢减少，至采收时约为1.8mg/L。

### 5.7.3.5 无机元素含量与果实硬度的相关性

于葡萄成熟期时以果实无机元素含量与果实硬度进行相关分析其结果如表5-1所示，在第1收夏果时，氮、钙及镁含量与果实硬度呈正相关，以钙含量与果实硬度呈显著相关，而磷、钾、铁、锰、铜及锌含量则呈负相关，均未达显著水平。在第2收冬果时亦有相同的结果。

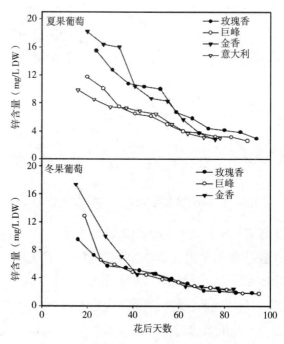

图5-17 不同葡萄品种果实中锌含量的变化

表5-1 不同葡萄品种果实无机元素含量与果实硬度的相关性

| 采收时期 | 氮 | 磷 | 钾 | 钙 | 镁 | 铁 | 锰 | 铜 | 锌 |
|---|---|---|---|---|---|---|---|---|---|
| 夏果 | 0.35ns | -0.21ns | -1.10ns | 0.7 | 0.42ns | -0.06ns | -0.44ns | -0.34ns | -0.07ns |
| 冬果 | 0.42ns | -0.32ns | -0.03ns | 0.87 | 0.45ns | -0.11ns | -0.48ns | -0.40ns | -0.15ns |

注：ns代表品种间差异（$P < 0.05$）

## 5.7.4 分析

### 5.7.4.1 葡萄果实发育与硬度的关系

葡萄果实的生长发育诸如果重、体积、果径等的增加都呈现出双"S"曲线（Double sigmoid curve）的模式，此种双"S"形生长期分为3个阶段。

第1期为果实的快速生长期，在此时期其特征为细胞的分裂活性高，特别是在花后5~10日，果皮的细胞分裂极为旺盛。果实为绿色且坚硬，含大量叶绿素，代谢作用极为旺盛，呼吸率高，可溶性固形物低，而可滴定酸度高。细胞分裂结束后果实体积因细胞增大而明显增加，以花后20~30日最大，且种子发育亦达一定的大小，开始硬化。此发育时期自开花后大约持续5周，依品种与季节而定。

第2期主要为胚及胚乳的生长，内果皮木质化及子房壁轻微生长，果实肥大生长缓慢，几乎全部停滞。内果皮坚硬，进入硬核状态。果皮外表叶绿素开始分解，果实开始软化着色。此段时期2~3周。

第3期为果实开始着色成熟的时期，果实大小及重量再度增加，此乃由于细胞增大而非细胞数目的增加。果实颜色随成熟期的进展逐渐转淡（绿色品种）或转深（红及黑色品种），果实内糖及水分蓄积量急速增加，可滴定酸度和呼吸率降低，果肉软化。

本研究的调查结果发现，不同品种葡萄果实无论在鲜重、纵径及横径均呈双"S"形生长形态，在果实发育的第1期及第3期两个生长期间，表现出持续的增加，此与柿、无花果、蓝莓、橄榄及核果类果实相似。不同品种葡萄在不同季节所表现出的生长形态略有不同，同属欧美杂交四倍体的玫瑰香及巨峰葡萄所表现出的变化趋势较为相似，生长量大多集中于第一次的快速生长阶段，之后生长量的增加不明显，生长曲线变化趋于平缓，纵径及横径的增加主要集中于花后1个月左右，在此期间兼具为细胞分裂及细胞肥大，生长后期的增加量不大，以细胞肥大为主。不同温度对葡萄果实生长指出，高温可缩短葡萄果实生长第1期的时间，在本试验调查结果第2收冬果的各品种葡萄的果实生长第1期所需时间，比第1收夏果减少7～10日，此可能与果实发育初期的温度有关。

果实硬度的高低会影响果实食用质量及采收后的贮运性。调查不同品种葡萄的果实硬度变化结果，果实开始软化的时间因品种不同而有差异，但皆发生于硬核期后的第3生长期。一般而言，欧洲种葡萄果实的硬度较高，而美洲种葡萄果实则具易软化的特性。由本研究的调查亦可得知，果实硬度以欧洲种二倍体的意大利葡萄葡最高，欧美杂交种的二倍体金香品种果实的硬度最低，同属欧美杂交种的四倍体品种巨峰与玫瑰香葡萄，则以巨峰葡萄的果实硬度较高。调查6个葡萄品种的果实硬度显示，以意大利葡萄最高，高墨及巨峰葡萄次之，金香、玫瑰香及龙宝葡萄的硬度最低。玫瑰香葡萄与龙宝葡萄同是由四倍体金香品种与黑潮品种杂交选育而出的后代，因此玫瑰香葡萄果实硬度的表现，推测可能是源于金香葡萄易于软化的遗传特性。

比较两个生长季节葡萄果实硬度的变化，第2收冬果软化的速度不如第1收夏果明显，在果实发育末期，各品种的果实硬度均较第1收夏果为高，此种差异可能与发育期间的温度有关。调查比较3个不同生长季节的巨峰葡萄果实硬度指出，第1期与第2期果实成熟期间的温度较高，因此采收时葡萄果实硬度较低，在第3期葡萄果实成熟期间温度较低，因此果实硬度较高。本研究的调查结果，果实生长第1期及第2期的平均温度在第1收夏果为24.2℃，第2收冬果为26.1℃，其平均温度相差不大，但在果实生长的第3期的平均温度则明显不同，在第1收夏果为27.8℃的高温状态，而第2收冬果则为18℃属较低的温度。第1收夏果葡萄果实硬度较低可能是果实成熟期间处于高温状态，促进葡萄果实的生理代谢作用，而加速果实内含物的分解，进而降低了果实的硬度。

葡萄果实中主要的糖类以还原性的葡萄糖及果糖为主，而非还原性的蔗糖含量较少。果实发育初期糖类以葡萄糖占大部分，成熟期则以果糖含量较高，各品种果实所含的葡萄糖与果糖比例不一。在整个果实发育过程中，可溶性固形物含量在果实发育初期含量极低，增加量很少，几乎呈一平稳状态，而在成熟期果实开始软化后即迅速上升。

葡萄果实中主要的酸类为酒石酸及苹果酸，占总酸含量的70% ~ 90%，其他有微量的枸橼酸、草酸等约20种有机酸。葡萄果实中可滴定酸含量在果实发育初期迅速增加，直到果实软化前累积到最高峰，然后急速下降，在果实成熟末期降到最低点。在本研究所调查的不同品种葡萄果实可滴定酸含量亦有同样的结果。比较两个不同生长季节葡萄果实可滴定酸含量，以第2收冬果的果实较第1收夏果的可滴定酸含量为高。比较金香葡萄夏果及冬果的果实酸含量指出，金香葡萄果实的酸含量与其生育过程中合成量的多寡无关，而与合成后分解消耗量有关。栽培地区的温度为影响果实酸含量的最大因素，一般在低温地区所生产的葡萄果实酸含量皆比高温地区所生产者为高，因在高温地区呼吸作用较为旺盛，可消耗部分有机酸。本研究调查结果，第2收冬果葡萄果实成熟期的温度比第1收夏果的平均温度为低，平均温度相差10℃左右，可能使果实呼吸速率减缓，进而使果实中有机酸分解速率降低，而使第2收冬果的葡萄果实酸含量偏高。

### 5.7.4.2 果实无机成分的变化

果实内无机元素含量多寡与果实营养价值、果实生产能力、果实品质及贮运性有密切的关系。一般而言，果实内营养元素含量会随果实发育而持续下降，尤其在果实快速生长阶段表现更加明显，在富有（Fuyu）甜柿、梨、猕猴桃、芒果、苹果、石榴及梅等果实皆有类似现象。一般认为此种元素浓度的下降是由于果实快速肥大所造成的稀释作用所引起。

调查不同葡萄品种果实中5种大量元素及4种微量元素在生育期间的变化，各营养元素的含量皆随果实的发育日数增加而浓度减少，尤其在果实快速生长期最为明显，此种现象可能是因稀释作用所引起。

近年来研究证明果实内无机元素含量与果实细胞壁强度和贮藏期间的肉质变化关系密切，无机元素对提高果实的耐贮性，维持良好肉质和风味、控制贮藏病害具有重要意义。如分析22种苹果果实的无机元素含量与果实质量及贮藏性的关系指出，钙及钾含量增加可增加果肉细胞壁强度，提高果实硬度的作用。锰及铜含量增加则会促进果实的软化，其他学者的研究亦有相同的结果。苹果果实中氮含量较高者，其果实硬度较低，氮、锰及锌含量对红星苹果的硬度影响最大。果实随磷含量降低则果实软化程度增加，特别是在果实钙含量低者更为显著。果实硬度一般随果实中钙含量的增加而提高，但是有时会因营养元素的交互作用与营养元素的平衡关系而呈负相关。

调查不同品种葡萄果实无机元素含量与果实硬度的关系，氮、钙及镁元素含量与果实硬度呈正相关，磷、钾、铁、锰、铜及锌含量则与果实硬度呈负相关，尤其是钙离子对果实硬度在2个生育期间均呈明显相关。在第2收冬果葡萄各品种果实钙的含量皆较第1收夏果含量为高，因此葡萄果实中钙含量可能是影响果实硬度的重要因子。

## 5.8　葡萄果实硬度与细胞壁水解酶活性的关系

果肉的软化是果实成熟过程中的主要特征之一，亦为决定果实质量之一大重要因子，其会影响果实的商品价值及贮藏期限。一般而言，果实在成熟或后熟阶段会伴随果实软化而使硬度下降。在更年性果实如苹果、香蕉及酪梨等于后熟阶段会产生大量的乙烯，并伴随有呼吸高峰的出现，而促使果实开始迅速软化；而葡萄属于非更年性果实，在成熟时期少有内生乙烯的产生，同时其果实的呼吸率亦会逐渐下降，但若外加乙烯产生剂乙烯利（Ethephon），能促进葡萄果实着色及增加可溶性固性物，同时亦会使果实发生软化的现象。一般果实于成熟期间，除了组成会发生变化外，果肉组织亦会产生软化，导致硬度下降，因而影响果实质量。果实硬度主要受细胞厚度或细胞彼此结合强度所影响。细胞间的结合主要因中胶层及初生细胞壁中钙离子与果胶质酸结合所成果胶聚合物（Pectinpolymer）以维持结构的稳定性。随果实成熟，果胶的可溶性增加，使细胞间结合力减低，果实软化。果实的细胞壁在生长过程中经由酶的作用而形成，亦会在适当情况下经由酶的作用而分解；一旦细胞结构或细胞间隙产生改变，便会导致果实硬度的变化。果胶物质主要是由半乳糖醛酸分子（Galacturonicacid）以α-1，4的糖键方式结合而成，部分的半乳糖醛酸分子会被鼠李糖（Rhamnose）分子取代，并以α-1，2的方式键结；在半乳糖醛酸分子2基上常会进行甲基酯化，以增加果胶质的稳定性。此外长链状的果胶分子亦会与部分糖类结合，如木糖（Xylose）、半乳糖（Galactose）及阿拉伯糖（Arabinose）等，进而形成结构复杂的分子，而长链状的果胶分子系分布于构成细胞壁的纤维分子（Cellulose）之间，并与纤维素上的半纤维素分子相结合，同时果胶质分子间彼此利用钙离子相结合，使其稳定性提高。果胶质一般依其对不同溶剂的溶解度而将其区分为水溶性的果胶酸（Pecticacid）、EDTA或草酸盐可溶性的果胶质酸（Pectinicacid）及NaOH或HCl可溶性的原果胶质（Protopectin）3种，彼此间是相互转换的物质，在发育过程中扮演重要的角色。在果实发育初期以原果胶及果胶质酸为主，随着果实成熟原果胶逐渐变为可溶性果胶酸，果胶质酸减少，导致细胞壁的部分分解，细胞间结合力减少，果实变软。

在果实成熟期间果肉组织产生软化现象，一般认为是由于细胞壁的组分受到细胞壁水解酶的作用，进而产生小分子聚合物所引起。许多学者证实在果实中具有多种细胞壁水解酶，这些酶可能在果实发育期间或成熟过程中出现，并且分解细胞壁组分，最后导致果实软化。目前了解较深入的细胞壁水解酶包括果胶甲酯酶、聚半乳糖醛酸酶、纤维素酶及β-半乳糖苷酶。在许多果实发育后期或果实开始软化时，这些酶活性会增加。新兴葡萄栽培品种玫瑰香虽受消费者喜爱，但在试种期间发现其果肉质地较易崩解，果实于成熟期间易发生软化现象，进而影响该品种的推广。有关葡萄果实软化方面的研究尚缺乏报告，尤其是欠缺一年两收的相关试验报告，而无法快速而有效解决玫瑰香葡萄果实软化的问题。因此本试验拟探讨玫瑰香葡萄果实软化与果胶质及细胞壁分解酶的关系，了解玫瑰香葡萄果实软化的相关因素，以寻求有效的栽培改进方法，而利于推广发展实为迫切的问题。

### 5.8.1　试验材料

本试验利用的主要材料为试验地栽种的8年生玫瑰香、11年生巨峰及11年生意大利等葡萄为试验材料。试验期间田间管理工作依一般惯行方式进行。

### 5.8.2　试验方法

#### 5.8.2.1　果实发育期间的变化

3月及8月于试验园中选取树势及生育相近的植株，每一结果母枝均留第一花穗为调查对象，其余花穗予以剪除，开花后，每隔1~2周采取果穗，每次5穗携回实验室进行下列各项测定。选取每果穗中段的果粒10粒，共计50粒作为调查。

#### 5.8.2.2　果实中果胶质成分分析

（1）酒精不溶物（Alcohol-insolublesolids，AIS）的制备。葡萄果实取出种子后加入95%乙醇，使乙醇最终浓度为80%，以小型果汁机（Osterizer）均质3min，所得均质液于85℃水浴中加热1h，以Whatman1号滤纸过滤残渣，再加入30mL的80%酒精混合均匀，静置30min后以3 000×g离心15min，除去上清液。如此重复清洗3次，所得残渣再加入丙酮30mL混合均匀，以Whatman1号滤纸过滤，残余物加入丙酮30mL，清洗2次后，置于室温下真空干燥24h后，即得酒精不溶物，干燥后的酒精不溶物置于干燥器中，供果胶质分析之用。

（2）果胶质各组分（Pectin fraction）的抽取。称取约50mg的AIS，加入40mL的去离子水，混合均匀后，置于85℃水浴中振荡1h后，以3 000×g离心15min，将上清液倒入100mL的定量瓶中，残渣再加入40mL的去离子水，重复抽取1次，合并上清液，再加入1N NaOH 5mL及10%（w/v）的焦亚硫酸钠（Sodium metabisulfite）1mL，以去离子水定量至100mL，即为水溶性果胶萃取液（Water-soluble pectins，简称WSP）。沉淀物再加入0.75%（w/v）的草酸铵（Ammoniumoxalate）溶液40mL混合均匀，于室温下振荡抽取1h后，以3 000×g离心15min，将上清液倒入100mL的定量瓶中，残渣再加入0.75%的草酸铵溶液40mL，于室温下振荡抽取1h，重复抽取1次，合并上清液，加入1N NaOH 5mL及10%的焦亚硫酸钠1mL，以去离子水定量至100mL，即为草酸铵可溶性果胶萃取液（Ammoniumoxalate-soluble pectins，简称AOSP）。沉淀物再加入0.05N NaOH溶液40mL混合均匀，于室温下振荡抽取1h后，以3 000×g离心15min，上清液倒入100mL的定量瓶中，残余物再加入40mL 0.05N NaOH重复抽取1次，合并上清液，加入1N NaOH 5mL及10%的焦亚硫酸钠1mL，以去离子水定量至100mL，即为不溶性果胶的萃取液（Sodium hydroxide-soluble pectins，简称SSP）。

### 5.8.2.3 果胶质的定量

果胶质的定量以取果胶质萃取液加入去离子水，使其总体积为1mL，置于16mm×125mm的试管内，加入硫酸/四硼酸钠溶液5mL，立即置入冰浴中冷却，再以沸水浴加热6min，随即再置入冰浴中冷却后加入100μL的间羟基二酚试剂，以旋涡混匀仪（Vortex mixer）均匀混合后，静置15min，利用分光光度计（Uvikon922）于520nm波长下测其吸光值。果胶质的定量是以半乳糖醛酸（Galacturonic acid）（Sigma）作成0~100mg/mL的标准曲线。

## 5.8.3 细胞壁水解酶的分析

### 5.8.3.1 丙酮粉末（Acetone powder）的制备

将葡萄果实的果肉，加入5倍体积的冰冷丙酮溶液（-20℃），以小型果汁机均质5min，以Whatman1号滤纸真空过滤，残渣再以5倍体积的冰冷丙酮溶液清洗2次，残渣置于室温下真空干燥至无丙酮气味后，将丙酮粉末置于封口袋内中，于-20℃下贮存供酶活性测定用。

### 5.8.3.2 酶的萃取

称取200mg的丙酮粉末，加入4℃1M NaCl溶液20mL，以旋涡混匀仪混合均匀，于4℃条件下抽取1h后，以10 000×g 4℃下离心15min，所得上清液体即为酶萃取液。

### 5.8.3.3 蛋白质含量的测定

取0.1mL酶溶液加入5mL考马斯亮蓝G-250染剂，充分混合后放置5min，以分光光度计测595nm的吸光值。标准曲线以牛血清蛋白（Bovine serum albumin，BSA）0~100μg/0.1mL的浓度配制。

### 5.8.3.4 果胶甲酯酶（PME）活性测定

PME酶活性测定以Hagerman及Austin（1986）所述的方法测定。取1mL经0.1N NaOH调整为pH值=7.5的酶萃取液加入反应物

［1mL 0.5%（*w/v*）柠檬果胶，pH值=7.5及以0.003M磷酸缓冲液（pH值=7.5）所配制的0.001%（*w/v*）溴百里酚蓝1mL］，以分光光度计记录0及30min的吸收值变化，并计算半乳糖醛酸的生成量。

### 5.8.3.5 多聚半乳糖醛酸酶（PG）活性测定

酶反应液组成为100μL酶萃取液，加入500μL以40mM醋酸钠缓冲液（Sodium-acetate buffer，pH值=4.4）所配制的0.25%（*w/v*）多聚半乳糖醛酸钠（Na-polygalacturonic acid，Sigma）溶液。于30℃恒温水浴中培浴2h后取出，加入2mL 100mM pH值=9.0的冷硼酸盐缓冲液终止反应，再加入200μL的1%（*w/v*）2-氰基乙酰胺，混合均匀，沸水浴中反应10min后，将试管置于冰水中以终止反应。待回温后测定276nm的吸光度。以α-D-半乳糖醛酸作0～1.0μmol/mL的标准曲线。

### 5.8.3.6 Cx-cellulase活性的测定

Cx-cellulase活性的测定，取100μL酶萃取液加入500μL以40mM醋酸钠缓冲液（pH值=5.0）配制的0.25%（*w/v*）羧甲基纤维素（CMC）溶液。于30℃恒温水浴中2h后取出，加入2mL 100mM冷硼酸盐缓冲液（pH值=9）终止反应，再加入200μL的1%（*w/v*）2-氰基乙酰胺混合均匀，沸水浴中反应10min，取出置于冰水中终止反应。待回温后测定276nm的吸光度。以β-D-葡萄糖（Sigma）作成0～1.0μmol/mL的标准曲线。

### 5.8.3.7 β-galactosidase活性测定

取250μL的酵素萃取液加入1.0mL以40mM醋酸钠缓冲液（pH值=5.0）配制的0.05%（*w/v*）半乳糖溶液，于30℃恒温水浴中2h后取出，加入含2mM EDTA的1N氢氧化铵溶液1mL终止反应后测定400nm的吸光度。以对硝基苯酚作成0～1.0μmol/mL的标准曲线。

## 5.8.4 结果

### 5.8.4.1 葡萄果实发育调查

各品种葡萄果实的横径变化如图5-18所示，第1收夏果的调查期间，在开花后至花后38日，玫瑰香及巨峰葡萄均呈快速增加，花后38日至花后45日则无明显增加，之后横径再度持续缓慢增加；意大利葡萄则在调查期间呈持续增加的状态，采收时玫瑰香葡萄横径为23.6mm，巨峰为25.8mm，意大利为24.4mm。而在第2收冬果生育期间，巨峰葡萄则呈现持续增加趋势，至采收时横径为28mm。而玫瑰香葡萄在花后33日至花后49日无明显增加，自花后64日起开始持续增加至26.8mm。

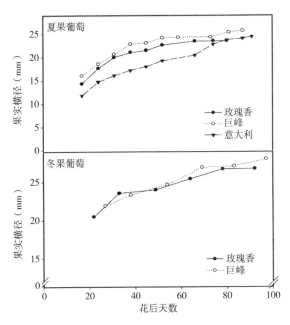

图5-18 不同葡萄品种果实横径的变化

果实硬度的变化如图5-19所示，在第1收夏果时，玫瑰香葡萄在果实发育初期维持1 700～1 900g的硬度，自花后38日至成熟为止，硬度呈持续减少趋势，采收时只剩下282g左右；巨峰葡萄至花后31日为止硬度维持在1 800g以上，花后45日迅速降至458g，之后其硬度变化不大，至采收时尚维持在330g；而意大利葡萄至花后45日时果实硬度维持在1 800～1 900g，之后开始减少，花后66日时降至393g左右，之后硬度变化量不大。第2收冬果的葡萄果实硬度的变化趋势相似，玫瑰香葡萄在花后33日起硬度开始减少，至成熟期其硬度为300g左右；而巨峰葡萄在花后69日起果实硬度的变化量不大，至采收时硬度维持在360g。

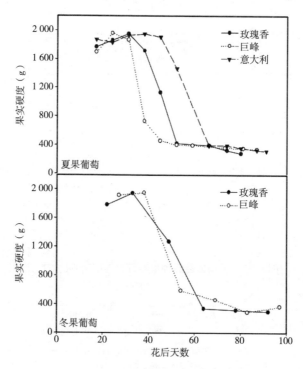

图5-19　不同葡萄品种果实硬度的变化

果实可溶性固形物的变化如图5-20所示，第1收夏果的3个品种葡萄皆至花后31日为止，可溶性固形物的增加缓慢，玫瑰香及巨峰葡萄在花后38日至花后74日之间，可溶性固形物急速增加，之后则呈平稳状态，从花后38日起至采收为止，呈增加趋势。采收时其可溶性固形物，皆呈持续增加趋势，约在花后90日，果实可溶性固形物可达18°Brix左右。

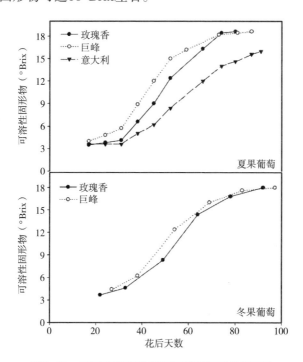

**图5-20　不同葡萄品种果实可溶性固形物的变化**

果实可滴定酸度的变化如图5-21所示。第1收夏果的调查期间，各品种在发育初期果实可滴定酸度皆逐渐增加，之后至采收期为止则呈下降趋势；玫瑰香葡萄在花后38日可滴定酸度达最高点约3.85%，之后开始减少至采收时约降至0.5%左右，巨峰葡萄至采收时约为0.45%；意大利葡萄在调查初期可滴定酸度约为3%。而第2收冬果的可滴定酸度变化趋势与第1收夏果相似，但在采收时巨峰及玫瑰香葡萄的果实可滴定酸度约为0.7%，比第1收夏果高约0.2%。

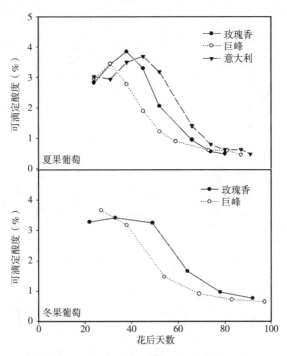

图5-21　不同葡萄品种果实可滴定酸度的变化

### 5.8.4.2　果胶质的变化

不同葡萄品种的总果胶质含量如图5-22所示。在第1收夏果的生育期中，3个品种的总果胶质含量均随着开花后的天数增加而下降，在调查初期以意大利葡萄的总果胶质含量最高，为4.8%，巨峰葡萄次之，为3.7%，玫瑰香葡萄最低为3.4%。随果实的发育，总果胶质含量逐渐减少，至采收时仍以意大利葡萄的总果胶质含量最高，为1.7%，巨峰葡萄次之（为1.5%），玫瑰香葡萄最低（为1.4%）。第2收冬果葡萄的总果胶质含量亦随着开花后天数的增加而下降，在发育初期，巨峰与玫瑰香葡萄的总果胶质含量大约相似（在4.2%左右），但至成熟时巨峰葡萄的总果胶质含量约为1.7%，略高于玫瑰香葡萄的总果胶质含量（约为1.5%）。

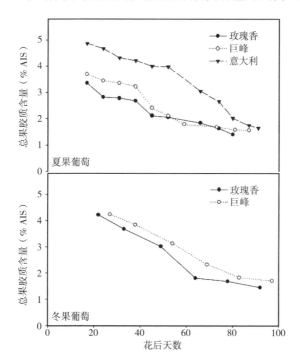

**图5-22    不同葡萄品种果实中总果胶质含量的变化**

第1收夏果葡萄果实不同形态果胶质比例的变化如图5-23所示。调查初期玫瑰香葡萄的不溶性果胶质约占总果胶质的52%，而水溶性果胶质约为18%，随着开花后日数的增加，不溶性果胶的比例逐渐减少，而水溶性果胶的比例逐渐上升，至采收期不溶性及水溶性果胶质的比例分别为23.8%及40.5%；巨峰葡萄在调查初期，不溶性果胶质的比例约为56%，而水溶性果胶质比例约占16%，至成熟时不溶性及水溶性果胶质的比例则分别为29.9%及35.8%；意大利葡萄水溶性果胶质的比例亦随果实发育而增加，但在草酸铵可溶性及不溶性果胶质的比例变化较为平缓，至成熟期可溶性果胶质比例为30.4%，而不溶性果胶质比例占37.1%。

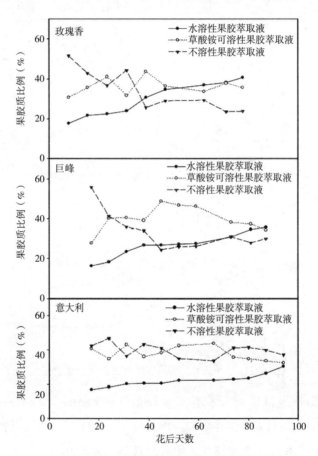

图5-23　第1收夏果葡萄中不同形态果胶质比例的变化

第2收冬果葡萄果实中不同形态果胶质的比例变化如图5-24
所示。玫瑰香葡萄在调查初期不溶性果胶质比例约占48%，而
水溶性果胶质比例占17%，随果实发育水溶性部分的比例逐渐
增加，在采收时，水溶性果胶的比例约占38.5%，不溶性果胶质
的比例占18.6%；巨峰葡萄的水溶性果胶比例变化较为平缓，至
采收期，水溶性果胶的比例约占33.2%，而不溶性果胶的比例约
占25.7%。

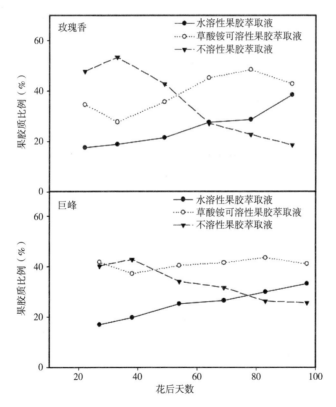

**图5-24　第2收冬果葡萄中不同形态果胶质比例的变化**

### 5.8.4.3 细胞壁水解酶活性的变化

3个品种葡萄皆在果实发育初期呈现果胶甲酯酶（PME）活性增加而后逐渐下降的趋势。玫瑰香葡萄在花后17日至花后45日PME由2.29U上升至4.56U，之后活性迅速下降至成熟时PME活性约为0.58U；巨峰葡萄在花后17日至花后38日间PME活性由1.86U上升至30.49U，而后减少至0.42U；意大利葡萄则花后17日时PME活性约为0.53U，随果实发育PME活性缓慢增加，至花后52日上升至1.51U，之后开始下降，至成熟时PME活性约为0.48U。第2收冬果巨峰及玫瑰香葡萄果实的PME活性变化与第1收夏果相似，亦呈现先上升而后下降的趋势；玫瑰香葡萄在花后33日PME活性达最高点3.28U，到成熟期PME活性减少至0.66U；巨峰葡萄则在花后38日时PME活性为2.72U，至成熟减少至0.52U。

葡萄果实中聚半乳糖醛酸酶（PG）如图5-25所示，第1收夏果玫瑰香葡萄果实PG活性在花后17～38日维持在9.8～13.7U，其后PG活性开始急速增加，至采收时PG活性约为130.5U；巨峰葡萄在花后17～31日PG活性为11.7～13.4U，而后PG亦开始增加至采收时约为112.6U；而意大利葡萄则在花后17～45日PG活性维持在6.8～14.0U，之后PG活性亦会增加，但增加速度较巨峰及玫瑰香葡萄为缓，采收时其PG活性约为78.7U。第2收冬果的玫瑰香葡萄及巨峰葡萄在调查期间PG活性均呈上升趋势。巨峰葡萄的PG活性变化趋势比玫瑰香葡萄平缓，至采收时，巨峰葡萄的PG活性为58.5U，而玫瑰香葡萄则为64.5U。

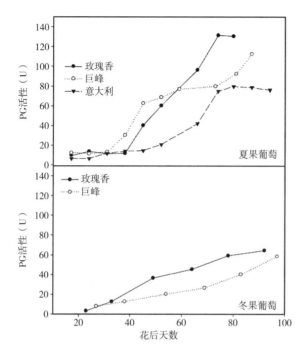

**图5-25  不同葡萄品种果实中聚半乳糖醛酸活性的变化**

### 5.8.4.4  果胶质与果实软化的关系

果胶质存在于植物细胞壁的中胶层内，具有维持细胞间稳定的功能。若果实中所含的果胶质转变为可溶性果胶质，则细胞壁彼此的结合力会明显降低，而使果肉产生软化。植物组织或器官的果胶质含量以果实中最多，随果实的发育，果胶质的含量或果胶质的形态也会明显发生变化。

在调查无花果生育期间的果胶质含量变化指出，随果实的发育果胶质的含量不断增加，在一定程度以后，随着成熟度的增加，果胶质含量呈下降趋势。

在柑橘（赵静，1995）、番石榴（Mowlah & Itoo，1983）、

猕猴桃（福家和松冈，1984）、李（Taylor et al，1995）等水果亦有相同的结果。反之，Proctor和Peng（1989）调查蓝莓生育期间果胶质含量的变化，则发现其果胶质含量随着果实发育逐渐减少。

Silacci和Morrison（1990）研究赤霞珠（Cabernet Sauvignon）葡萄成熟期间果实果胶质的变化指出，在硬核期后至采收为止，总果胶质含量呈减少趋势。但Amerine等人（1972）则认为在果实成熟时总果胶质含量会逐渐增加。

研究发现于果实发育初期，果胶质含量会逐渐减少，至成熟时则略为增加。本研究调查不同品种葡萄果实的总果胶质含量，各品种在发育期间皆呈下降趋势。此与其他学者的研究结果相似（Silacci & Morrison，1990；Robertson et al，1980）。此种结果被认为是随着果实的发育，果实内细胞壁组分产生稀释效果（Jona et al，1985），因此葡萄果实的总果胶质含量的减少，可能是果胶质的增加量比果实肥大量少，而使得其含量降低所致。

比较2个不同生长季节成熟时葡萄的总果胶质含量，第2收冬果葡萄果实通常比第1收夏果为高，此可能是因低温使果实内部的各种生理代谢较缓慢，而减少果胶质的分解。

果胶质依其可溶性的差异，大致可区分为水溶性、草酸铵可溶性及不可溶性3部分（吉冈，1992；Robertson et al，1980），不同形态果胶质间的比例与果实硬度有密切的关系。在许多果实接近成熟或果实开始软化时，果胶质中的水溶性比例会逐渐增加，如葡萄（Silacci & Morrison，1990；Robertson et al，1980）、樱桃（Fils-Lycaon & Buret，1990）、桃（周培根，1991；镰田和福元，1993；Shewfelt et al，1971）、西洋梨（元村等，1993）都有相同的趋势。

本试验中不同葡萄品种的果实，随着发育日数增加，其水溶性果胶质的比例会逐渐增加，果实硬度越低的品种，其水溶性部分果胶质所占的比例会越高，相对的其不溶性部分的果胶质的比例则会较低。此种果胶质比例的变化被认为是因细胞壁中的水解酶的作用而使果胶质形态产生变化所致（Naohara & Manbe，1994）。

Werner和Frenkel（1978）以桃为材料，发现在温度较高的情形下会使果实的硬度迅速下降。在2个生长季节，相同品种葡萄果实，其果胶质形态比例不同，可能是因为受到生长季节温度的影响，而导致细胞壁水解程度不同所致。

## 5.8.5 细胞壁水解酶与果实软化的关系

### 5.8.5.1 PME酶

果实的软化与中胶层及细胞壁的完整性具有密切的关系，以电子显微镜观察细胞壁构造的变化，可以发现随着果肉的软化，中胶层部分及细胞壁皆已失去完整性，并出现空洞状（Ben-Arie et al，1979；Crookes & Grierson，1983）。此种现象一般认为是构成细胞的组分受到细胞壁水解酶的降解作用（Degradation），而使细胞间结合力减弱。

在果实中已被证实存在有许多的细胞壁水解酶（Huber，1983；Tucker & Grierson，1982；Seymour & Gross，1996）。Nevins（1989）认为番茄后熟时，最先是因PME酶作用，而使细胞壁易受PG酶作用发生降解。

PME酶是果实中普遍存在的一种酶，因此其与果实的成熟可能有密切的关系，但是PME酶活性会随着植物种类在不同生长期或成熟期而有所不同。有些报告指出PME活性随着成熟度的增加而提高，例如香蕉采收后，当果皮由绿转黄的后熟过程中，PME活性会随之增加（Huttin & Levine，1965）。在番茄（Pressy & Avants，1972）、番木瓜（E1-Zoghbi，1994）、樱桃（Barrett & Gonzalez，1994；Andrews & Li，1995）等亦有同样的结果。但另外有些学者则认为PME活性是不变的，如Brady（1976）认为PME活性在香蕉果肉中是一恒定的状态，并不会随其成熟度的增加而有显著的改变，或有一定的相关性（Ashraf et al，1981）。然而另外又发现，PME活性亦会随着果实成熟度增加而降低，Nagel和Patterson（1967）发现梨果实成熟过程中PME活性会随之下降，在芒果（Abu-Sarra & Goukh，1992）、酪梨（Awad & Young，1979）及草莓（El-Zoghbi，1994）亦有同样的趋势。

PME在果实软化中所扮演的角色可能是使果胶分子去酯，去酯后的果胶酸适合当作PG酶的受质，因此PG去甲氧基的半乳糖醛酸链具有很高的专一性（Pressey & Avant，1982）。Pilnik和Voragen（1971）指出，高酯化的果胶质不易受到PG酶的作用，必须先经PME酶的去甲氧基作用后，方可进行PG的加水分解作用。桃（Shewfelt et al，1971）和西洋梨（Knee，1982）在果实软化时，果胶质的酯化程度会减少，而在草莓（Wase，1964）、酪梨（Dolendo et al，1966）及苹果（Knee，1978）等果实则并无任何改变。有些报告是以果胶质分子的平均酯化度表示，但在果实中所含果胶质是具有不同酯化程度分子的混合物。Yoshioka（1992）将苹果的果胶质以离子交换层析法调查结果，伴随果实软化不溶性果胶质的高酯化果胶质会逐渐减少，而酯化度低的水溶性果胶质则会增加。果胶分子因去甲氧基的作用而使游离Carboxy基增加，可能会造成细胞壁的pH值降低，而适合其他水解酶的作用或负电价的增加，而使果胶分子间产生相互排斥细胞壁构造因而发生改变。

调查不同品种葡萄果实的PME活性变化，发现PME酶大多在果实开始软化前，其活性最高，之后呈下降趋势，硬度高者其PME活性亦较低。玫瑰香葡萄在夏、冬两季的生长期间PME活性均高于巨峰葡萄，推测玫瑰香葡萄果实易于软化，可能是其PME活性较高，而使果胶分子发生改变，又有利于其他水解酶作用的进行。

### 5.8.5.2　PG酶

PG酶的作用是将构成果胶的聚半乳糖醛酸的α-1，4链加以分解。PG依作用方式有两种形式存在，一种会随机切断相邻且去除甲基的半乳糖醛酸间的链结的外切型PG；另一种会从聚半乳糖醛酸长链的非还原端开始，逐一切断醛酸分子的内切型PG。此两种形式的PG出现率及其影响效果，会因果实种类而有所不同。果实的软化主要是由于外切-PG酶的作用，使果肉中可溶性果胶增加所引起，而内切-PG并不能使原果胶质产生可溶化的现象（Huber，1983）。

许多果实如离核种桃（Pressey & Avants，1973）、梨（Pressey & Avants，1976）及番木瓜（Chan & Tam，1982）同时会有外切型及内切型PG酶。Pressey和Avants（1978）比较果肉易于软化的离核种与果肉不易软化的黏核种桃果实的PG酶活性变化指出，于果实发育初期此两种桃子果实中外切-PG及内切-PG活性极低，随成熟度增加在离核种桃两种形式的PG活性同时增加，而在黏核桃中的外切-PG活性未见增加。含有外切型PG的离核桃，成熟时水溶性果胶含量比黏核桃为高（Postmayr et al，1966）。

在苹果果实中只含有内切-PG，其内切-PG于活体外（Invitro）

仍具有活性，可作用在细胞壁制备液中，使其释出低分子量的糖醛酸（Bartley，1978）。由于内切-PG在果实软化中真正扮演的角色并不清楚，且其对细胞壁软化的影响亦不确定（Rhodes，1980），故果实软化的研究，皆以可将聚半乳糖醛酸键加以分解的外切-PG为研究重点。

PG酶被认为是果实软化的主要原因，乃是在果实软化前PG活性低，伴随果实软化其PG活性会增加（Grierson & Tucker，1983），且具高PG活性的果实会易软化（Hubson，1965），果实软化时果胶质分子量会减低（Seymour et al，1987）。若将未熟果实以PG酶处理后，于电子显微镜下观察，可见到与正常软化果实相似的细胞壁构造（Crookes & Grierson，1983）。

# 参考文献

焦培娟，郭太君，陈光，等. 2004. 山葡萄高效栽培新技术研究[R]. 中国农业科学院特产研究所.

李绍华，杨美容，黎盛臣，等. 2004. "京"字号系列早熟葡萄新品种育种与推广[R]. 中国科学院植物研究所.

李小龙，张振文. 2014. 不同酿酒葡萄品种果实成熟过程中花色苷含量变化[J]. 北方园艺（22）：12-17.

刘凤之，王海波，王孝娣，等. 2014. 我国埋土防寒区鲜食葡萄标准化生产技术规范[J]. 第20届全国葡萄学术研讨会论文集. 168-179.

王建平，唐建华，钱伟东，等. 2014. 极晚熟葡萄品种魏可设施延后优质栽培技术[J]. 河北林业科技（5）：196-198.

杨瑞，郝燕，张坤. 2014. 葡萄杂交苗结果母枝粗度和留芽量与花芽分化的关系[J]. 甘肃农业科技（10）：21-22.

张福庆，李巍，田卫东，等. 2004. 酿酒葡萄果实生长发育特性的研究[R]. 中法合营王朝葡萄酿酒有限公司.

张义，张贵丽. 2014. 葡萄结果性状的数量分布及相关性分析[J]. 北方园艺（21）：23-27.